阅读成就思想……

Read to Achieve

心理成长系列

Real Confidence

Stop Feeling Small and Start Being Brave

自信
如约而至

寻找超越自卑的内在力量

英国《心理月刊》◎著　苑东明◎译

中国人民大学出版社
·北京·

图书在版编目（CIP）数据

自信如约而至：寻找超越自卑的内在力量 / 英国《心理月刊》著；苑东明译. -- 北京：中国人民大学出版社，2021.10
ISBN 978-7-300-29868-9

Ⅰ. ①自… Ⅱ. ①英… ②苑… Ⅲ. ①自信心-通俗读物 Ⅳ. ①B848.4-49

中国版本图书馆CIP数据核字(2021)第187051号

自信如约而至：寻找超越自卑的内在力量
英国《心理月刊》 著
苑东明 译
Zixin Ruyue'erzhi: Xunzhao Chaoyue Zibei de Neizai Liliang

出版发行	中国人民大学出版社		
社　　址	北京中关村大街31号	邮政编码	100080
电　　话	010-62511242（总编室）	010-62511770（质管部）	
	010-82501766（邮购部）	010-62514148（门市部）	
	010-62515195（发行公司）	010-62515275（盗版举报）	
网　　址	http://www.crup.com.cn		
经　　销	新华书店		
印　　刷	天津中印联印务有限公司		
规　　格	148mm×210mm　32开本	版　次	2021年10月第1版
印　　张	6.625　插页1	印　次	2021年10月第1次印刷
字　　数	133 000	定　价	55.00元

版权所有　　侵权必究　　印装差错　　负责调换

Real
Confidence
Stop Feeling Small
and Start Being Brave

序

当我外出参加活动或者在节日里与《心理月刊》(Psychologies)杂志的读者们见面聚会时，我们经常会聊到那种无所不能的"魔杖"式思维。如果挥一挥魔杖就能改变自己，那你想改变什么呢？我总是听人们说，想要变得自信。在内心深处，这些人深信，只要能更加自信、平和地面对自己，世界就将是他们的舞台，他们就能做任何事情，他们人生的天地也将因此变得无比宽广。但如果不自信，他们就难以释放自我，只能安静地坐在那里，眼睁睁地看着那些自信的人去征服世界，搏击长空。

如果你也想追求自信，成为一个自信的人，就应该翻阅一下这本书，它很可能会改变你的生活，而且会给你带来不小的挑战。因为在这本书中，我们会鼓励你勇敢一点。在生活中，你可能会发现，每当你想去尝试新事物——不管是在工作中担任新角色，还是第一次去约会，抑或是去学习一项新技能——自己都会感到害怕。其实，这都是正常而非病态的表现，如果能认识到这一点，你就会感到释然（我就是这样的）。同时，你将会认识到，克服恐惧的唯一方法就是让自己变得勇敢。这本书会告诉你如何慢慢地走出舒适区，就像婴儿学步一样，从克服最初的恐惧，到"先试试再说"，再到变得更加熟练。相信随着时间的推移，你一定能够将自信建立在真正掌握的技能和对自己能力的肯定上，而不会任由"我觉得自己就是个骗子"这种可怕的想法左右你的一举一动。勇气和追求成就是真正自信的秘诀。我很高兴，虽然你有点畏难情绪，但你还是鼓足勇气拿起了这本书，和我们一起踏上这段重建自信心的旅程。不要再呆坐望天，是时候去征服世界、搏击长空了！

你准备好了吗？

苏西·格里夫斯（Suzy Greaves）

《心理月刊》杂志编辑

Real Confidence
Stop Feeling Small and Start Being Brave

前言

你可能会惊讶地发现,买一本关于自信的书实际上正是自信的表现。我们认为,自信始于自我意识,即确切地知道自己是谁,以及在不同的生活场景下自己是怎样的。

现在你已经认识到,自己需要的是真正的自信。与此同时,你还可能意识到,长期缺乏自信是你所有问题的根源。你可能只是在生活的某个特定领域缺乏自信——也许你在工作中表现得很出色,但在社交活动中却总是逃避、退缩;也可能只是对某一方面感到恐惧,比如,害怕在公众面前演讲,所以你很想获得在众人面前侃侃而谈的自信。

不管你买这本书是出于何种动机,但你可以肯定的是,你并非孤家寡人。虽然没有任何关于受缺乏自信困扰的人数的官方统计数据,但我们知道这是人们非常关注的问题。通过对读者群的研究,以及从心理学家、心理治疗师、生活教练和与我们交谈过的所有专家那里，也证明了这一点。我们了解到，有很多人会去网站上搜索诸如"信心""自信""如何变得自信"等关键词。这就是我们决定为读者完成这一本书的原因，我们想通过这本书为读者提供所有最新的研究成果，贡献最好的专家智慧。我们特地为解决人们缺乏自信这一问题而进行了研究，并且形成了自己的理论，从而使那些缺乏自信的人对下一步该做什么有一个清晰的了解。

我们希望这本书能帮助你理解什么是真正的自信，同时让你明白如何培养真正的自信。当然，搞清楚自己为什么会不自信也很重要，但我们不会对此做过多的讨论。我们相信，了解自身现状的成因是件好事，但我们同样清楚，你之所以买这本书，是想告别过去，成就最好的自己。如果你不相信这种可能性，你就不会来读这本书——此举本身就是有信心的表现。

你可能读到或听过这样一种说法，你应该表现得很自信，应该假装自信，直到真正变得自信。但是请想一想你最喜欢的明星以及你为什么喜欢他们，想必其中一个主要的原因就是，他们不管扮演什么角色，都表演得很可信，让观众感觉不到他们是在演戏。

我们获得自信的方法要以不表演为基础。我们希望你在任何情况下都能放松下来，接受真实的自己。我们想告诉你的是，自信与任何性格类型都没有关系，你所认为的自信往往可能是装腔作势、自大或自恋。这类"自信者"不应该成为榜样。去尝试那些你觉得困难重重的事情，慢慢探索，一步一个脚印往前走，坚持正确的方向，保持耐心，专注于发展不同的技能，这才是真正的自信。

如何使用本书

我们把这本书分成了三个部分。在第一部分中，你将通过理解自信的真正含义，对自己的自信水平形成正确的认识，并了解自己不自信的程度。也许你会发现，其实自己并没那么糟糕。在第二部分中，你将探索为什么你会是现在这个样子，如何帮助你自己做出改变，继续前进。在第三部分中，我们提供了很多实用的建议。为了帮助你立即采取行动，我们还提供了增强自信的实用工具，这样你就可以立马开始建立自信心了。

在前五章的结尾部分，有一些测试可以帮助你进行自我评估。而在每一章章末还有一个"问问你自己"版块，它列出了一些关键的问题供你思考，这样你就可以把每一章与你的个人经历结合起来。书中还列举了一些真实的案例，这些真人真事（对人名和易被辨认出的环境都做了改动），能帮助你了解如何克服低自信。

另外，我们还对两位心理学家、两位表演教师、两位生活教练和一位神经学家进行了采访，他们不仅是各自领域的顶尖专家，还是最优秀的自信心研究领域的专家。我们将从多个角度出发，向你展示不同领域的专家是如何做到殊途同归的。我们试着建立一个多维的心理学视角，能为你提供一个全面、彻底的关于自信力的解决之道。我们希望通过采用这样的方法，让你不再把缺乏自信视为一个问题，或横亘在你通向幸福之路上的障碍。

我们的专家

安妮·阿什当（Annie Ashdown）：哈利街（Harley Street）商业和个人发展教练、临床催眠治疗师和直觉者。

阿什当的客户包括首席执行官、律师、企业家、外交官、医生、企业员工、商界精英、名人和青少年。她是《不当受气包，要当女主角：如何重新掌控你的生活和关系（无穷的创意）》[Doormat or Diva Be - How to Take Back Control of Your Life and Relationships (Infinite Ideas)] 和《成功人士的七个秘密》(The Confidence Factor – 7 Secrets of Successful People) 两本书的作者。

伊洛娜·博尼威尔（Ilona Boniwell）博士：欧洲积极心理学网站创建者，（英国和法国）安格利亚鲁斯金大学（Anglia Ruskin University）应用积极心理学国际理学硕士项目负责人，Positran 培训咨询公司负责人。

博尼威尔一直参与帮助不丹政府搭建一个以幸福为基础的公共政策框架的项目。她参与并编撰过几本书。她的最新著作是《牛津幸福手册》(Oxford Handbook of Happiness)，另外，她还开发了一些积极心理学工具（如力量卡和幸福盒子）。

道恩·布雷斯林（Dawn Breslin）：生活教练、电视节目主持人

前　言

和作者。

布雷斯林在电视台的工作内容广泛，她是 GMTV 的主持人和自信心培养专家，探索频道生活教练系列节目的主持人。她帮助各行各业的人修复自尊，重建自信。她是《对生活的热情》(*Zest for Life*)、《超级自信》(*Super Confidence*) 和《力量之书》(*The Power Book*) 这三本书的作者，也是罗琳·凯利 (Lorraine Kelly) 所著《真实生活解决方案》(*Real Life Solutions*) 一书的顾问。

娜塔莎·布尔迪欧 (Nitasha Buldeo) 博士：生物生理学家。

布尔迪欧在健康科学、心理学、神经科学、营养学和神经语言学 (NLP) 方面都取得了专业资格。作为一名产品创新者和企业家，她曾获得英国贸易和工业部 (the UK Department of Trade and Industry) 颁发的奖学金，并曾在美国芝加哥凯洛格管理学院 (Kellogg School of Management) 学习。她还获得了克兰菲尔德管理学院 (Cranfield School of Management) 的奖学金。

托马斯·查莫罗－普雷姆兹克 (Tomas Chamorro‑Premuzic) 博士：伦敦大学学院 (University College London) 和哥伦比亚大学 (Columbia University) 商业心理学教授，霍根评估系统（心理剖析研究）[Hogan Assessment Systems (psychological profiling)] 公司首席执行官。

查莫罗－普雷姆兹克为金融服务领域、媒体、消费者、时尚领域的客户和政府部门人员提供咨询服务，他经常出现在包括 BBC、CNN

和 Sky 在内的新闻频道节目中。他著有八本书，包括最新出版的《自信：关于你需要多少自信以及如何获得自信的惊人真相》(*Confidence：The Surprising Truth About How Much You Need and How to Get It*)。

尼基·福莱克斯（Niki Flacks）：曾获奖的资深百老汇女演员、导演、表演/企业培训教练，心理学家、治疗师，贝尔热拉克公司（Bergerac Company）创始人。

福莱克斯曾是南卫理公会大学（Southern Methodist University）的戏剧助理教授，她将心理学和神经科学融合在一起，帮助演员克服紧张情绪，塑造出更加真实的角色。她为企业提供了一个名为"力量演讲"的招牌项目，旨在训练员工克服对公开演讲的恐惧。她是《激情表演》(*Acting with Passion*) 一书的作者。

帕齐·罗登堡（Patsy Rodenburg）：大英帝国勋章获得者，伦敦市政厅音乐戏剧学院（Guildhall School of Music and Drama）的声音主管，领导力教练。

她曾是英国皇家国民电台（the Royal National Theatre）的声音总监，曾与皇家莎士比亚剧团（Royal Shakespeare Company）、皇家宫廷剧院（Royal Court Theatres）、唐马剧院和阿尔梅达剧院（Donmar and Almeida Theatres），以及一些一线明星合作过。她到世界各地为商业领袖、运动员和政治家提供培训业务。她著有包括《存在》(*Presence*) 在内的五本书籍。

Real
Confidence
Stop Feeling Small
and Start Being Brave

目 录

第一部分　你有多自信

|第 1 章| 你眼中的自信是什么样的　/ 003

　　寻求个人化的定义　/ 005

　　自信意味着放手去做　/ 007

　　每个人都有"it"因素　/ 009

　　自信只在旁观者的眼中　/ 010

　　自信是多维度的　/ 012

|第 2 章| 为什么你想要自信，也需要自信　/ 021

　　低自信正是一个不错的起点　/ 023

识别自身的自信需求 / 025

进行自我分析 / 027

是缺乏自信还是自信被摧毁 / 029

|第 3 章| 自信就是悦纳自己 / 044

关注他人，会让你处于自信的状态 / 044

知道自己正在做正确的事情 / 046

真正自信的状态：放松、平静，还有点小激动 / 048

第二部分　你为什么缺乏自信

|第 4 章| 你缺乏自信的根源何在 / 059

自信是天生的还是由环境决定的 / 060

你的荷尔蒙和自信 / 066

|第 5 章| 当你因缺乏自信而行将崩溃时，应该怎么办 / 077

破解羞怯的迷思 / 078

把弱点放在一边 / 080

充分准备，以克服低自信 / 082

从公开发言恐惧到驾驭恐惧 / 082

寻求专业人员的帮助 / 087

避开负条件作用，让自信状态保持下去 / 090

|第6章| 打击自信的15个因素 / 100

以自信为目标 / 101

经常性的负面思维 / 102

周围充斥着消极的人 / 102

教你表面性自信技巧的人 / 103

积极的肯定 / 104

假装微笑 / 105

表演自信 / 106

过度分析过去 / 106

盲目攀比 / 108

贪图轻松的生活 / 108

精疲力竭 / 109

喝酒减压 / 109

现代城市生活 / 110

难缠的人 / 112

一成不变 / 113

第三部分　如何学会自信

| 第 7 章 |　自信是你学得会的技能吗　/ 121

　　　　自信的关键在于提升自己　/ 122

　　　　自信可以通过切实可行的方法获得　/ 125

　　　　动机是你与自信之间的黏合剂　/ 127

　　　　行动改变你大脑的生化反应　/ 129

| 第 8 章 |　你渴望哪种类型的自信　/ 135

　　　　世界各地的人对自信的看法　/ 137

　　　　好的自信，还是终极自信　/ 139

　　　　过度自信应该被赞赏吗　/ 141

　　　　自恋并非自信　/ 144

| 第 9 章 |　培养自信的 15 个习惯　/ 151

　　　　评估你自己　/ 152

　　　　坚持学习　/ 152

　　　　培养自己的意志力　/ 153

　　　　讨论自己那些积极向上的经历　/ 154

　　　　弱化你那些最糟的想法　/ 155

　　　　放下思考，付诸行动　/ 156

　　　　摆出好的身体姿势　/ 157

做到膳食均衡 / 157

锻炼 / 159

五分钟晨练 / 159

培养正确的呼吸习惯 / 160

照顾好自己 / 161

把家变成"天堂" / 163

互相支持而非竞争 / 164

与自信的人在一起 / 165

|第10章| 每天跟踪自己的自信状况 / 167

日常生活 / 169

家庭生活 / 174

工作生活 / 176

社交生活和约会 / 181

身体意象生活 / 186

后 记 / 191

Real
Confidence
Stop Feeling Small
and Start Being Brave

第一部分

你有多自信

Real Confidence
Stop Feeling Small
and Start Being Brave

第1章

你眼中的自信是什么样的

我们推测，你认为你之所以缺乏自信是你在生活的某些方面不如他人。比如，没挣到更多的钱，被裁员后没找到工作，离婚后没找到新欢，买不起房子，没有孩子，没能成功跳槽，减肥失败，没交上新朋友，你认为这都怨不得别人，都是自己的错，而这一切都是因为自己缺乏自信。其实，这种感觉是非常普遍的，你并不孤独。缺乏自信的滋味不好受，你感觉就像自己大脑中某些复杂的部分缺少了一些"螺丝"，或者大脑的软件失灵了，你很想解决这些问题，甚至恨不得能给大脑装上一个增强自信的App，是这样吧？

自信已经变成了当代生活的圣杯。我们认为，自信不能只为诸如"成功""幸福"这样的大概念提供依托，它还应成为我们内心结构的基石，让我们有能力创建理想的外部生活。

然而，你知道自信的真正含义吗？除非你真的知道什么是自信，否则你怎么培养它呢？自信究竟是什么？对自信意义的分析引发了引人入胜的讨论。让我们从《牛津英语词典》(Oxford English Dictionary)开始吧。从这里我们可以看到,其含义的一个方面是指一种能够信任或依赖某人或某事的感觉。这提醒我们,要学会信任和依靠自己(如果你已经能够信任和依靠自己,哪怕只有一点点,那么你的脸上就会有微笑,并且会自我感觉良好)。

关于个人的自信,以下这些释义都来自《牛津高阶英语词典》(Oxford Advanced Learner's Dictionary):

一种因认同自己的能力或品质而产生的自我确信感;
相信自己有能力做某事并取得成功;
对某事有把握的感觉。

通过对"自信心"进行具体分析,我们能得到下面这个词典式定义:

某人对自身能力、素质和判断力的信任感。

如果我们再看《牛津英语词典》中关于自尊(selfesteem)的释义,就会觉得它似乎比对自我价值或能力的自信更进一步:

对自己的性格和能力感到欣喜。

那么,自信是建立在自尊之上的吗?自尊是内在的,而自信是外在的,对吗?还是外在的自信表现出内在的自尊?自尊水平高会导致自信吗？这真是个精神迷宫。

寻求个人化的定义

　　社会心理学研究表明，我们试图管理自我价值感。在社交媒体出现之后出生的几代人，没有经历过无社交媒体的生活，于是就有了一个全新的研究领域。2013 年，威斯康星大学麦迪逊分校（University of Wisconsin and Madison）的一项研究测量了 Facebook 用户的自尊水平，研究了被试在看到自己的个人简介时对自己产生积极联想的速度。但这项研究并没研究 Facebook 上的个人介绍资料是如何以及为什么能反映自我的，同时它也没研究其真实程度有多大。如果处理过的照片能提升你的自尊程度，那它又能有多真实呢？比如，你贴出一张很棒的聚会照片，虽然从照片看你很享受这段时光，但事实上你很早就离开了，因为你的前任也在，或你感到无聊了，那么这张自己乐在其中的照片，如何能帮助你在下次聚会或者独处时收获良好的感觉呢？

　　上述研究并没有评估当人们看到别人的自我简介和新闻动态后的感受。昆士兰大学（University of Queensland）心理学院 2014 年的一项研究发现，积极参与社交媒体能让人产生积极的归属感。这项研究观察了一组被试，其中一半的被试定期在 Facebook 上发帖，而另一半被试则只是被动地看帖。根据这项研究，两天不发帖会对那些只是看帖的人产生负面影响。在另一组中，使用匿名账户的被试们被鼓励相互回复。然而，有一半的被试并不知道他们已被设置为不会收到任何回复。那些没有收到回复的人会觉得自己被无视了，自尊水平也会降低。由此我们能获得"自尊是可变的，是脆弱的，是依赖于群体和同伴活动的"启示吗？这和自信有什么关系呢？

如果别人称赞你是那么自信、稳健、井井有条，如果你被当成团队的开心果，或者如果你的工作涉及在一个较高的水平上帮助别人，但其实你的内心缺乏自信到了自怨自艾的程度，那么你就能完全明白，外表其实是会骗人的。如果你在别人面前表现得很自信，但内心却并不自信，这意味着什么呢？考虑到这些矛盾，我们又该如何定义自信呢？

在专业学术领域，人们会使用一个生活中不常用到的术语——自我效能（self-efficacy）。在古老的《牛津英语词典》中，效能（efficacy）一词被定义为某物产生人们想要的结果的能力，而自我效能则是产生一种自我渴望或预期的结果的能力。

比如，你想通过上瑜伽课减压，但因为你对任何新事物都感到失望，而且不喜欢参加集体活动、不喜欢自己穿上运动服后的身材，所以你还是没能把这个想法付诸行动。简言之，你的自尊水平很低。但最后出于对改善睡眠的渴求，你还是去了邻居推荐的一个低调瑜伽班。这里的每个人都很友好，没有人穿盛气凌人的名牌服装，也没有人紧盯着他人不放，这让你忘记了自身和时间的存在，放松之余，你很快就沉浸在浑然忘我的状态中。到下课时，你感觉神清气爽、焕然一新。因此，你已经得到了预期的结果。

如果我们能改变对自信的定义，那能否改变我们对自信的看法呢？如果你完全清楚什么是自信，那它会不会变得更容易把握和实现呢？

自信意味着放手去做

心理学家在定义自信时存在的一个问题是，他们自己并没有做过多少关于这方面的研究，他们的大部分研究都介于自尊和自我效能之间。自我效能这个概念最早出现于20世纪70年代，由加拿大心理学家阿尔伯特·班杜拉（Albert Bandura）提出，并得到了广泛研究。

> 自尊更多的是喜欢你自己。自我效能更多的是我们相信自己有能力去尝试和完成某事。
>
> **伊洛娜·博尼威尔**

如果你不喜欢自己，那你想要改变就不太容易。如果你不喜欢自己的某一部分，那你想要改变也不容易。假设你不喜欢自己的身体，你很可能就会对去健身房的想法感到发怵，因为你会想象那里到处都是有着六块腹肌和健美身材的人在锻炼。但你可能会决定尝试跑步，因为你住在一个漂亮的公园附近，并且在学校时很擅长跑步。你发现下班后跑步让你的头脑变得清醒了，体型也得到改善。然后，你就会骄傲地发现，其实你的身材看起来比之前好多了。

班杜拉对自我效能的定义，简单来说就是："我可以尝试一下。我不擅长运动，多年来我就喜欢窝在沙发上，但我在学校时擅长跑步,所以我可能会再把跑步的习惯捡起来。我可以试一试,看看能不能坚持下去。"这表明,只要我们愿意尝试,自信是一种可以习得的技能。

> 我可以尝试一下,虽然不敢保证能取得积极的成果,但能够去尝试,就是一种积极的感觉。
>
> **伊洛娜·博尼威尔**

博尼威尔强调的是,我们的社会对于自信到底是什么,存在着困惑和曲解。自尊心过强的人可能有真正的自信,但也可能没有。虽然我们的性格在总体上能体现出自尊,但自我效能能解释我们为什么会在生活中的某一个领域感到自信,而在另一个领域则感到不自信。

伊洛娜·博尼威尔关于在不同领域中培养自信的观点

博尼威尔在学术方面非常资深,在专业方面也有很深的造诣。她还记得自己在学校时从一开始就表现得很自信:"很早之前,我就能自信满满地在数百名同学面前朗诵诗歌。我总是对老师们很有信心。"但作为个头最高的女孩(她在12岁时已经达到成年人的身高),她不得不和学校里所有取笑她的孩子们抗争。当她的家人从拉脱维亚搬到俄罗斯的萨兰斯克时,她是这座拥有30万人口的城市中个头最高的女性。她说:"我被称作长颈鹿和埃菲尔铁塔。"

> 由于个子高,她对与男孩子交往没有信心。首先,她必须等他们赶上她的身高再说。到 19 岁时,她的自信心开始增强,但她承认,直到快 30 岁时,她才克服了自信问题。她的个人经历影响着她对自信的看法:"我们在一件事上自信,但在另一件事上可能就不自信了。我们可以在缺乏自信的领域培养自信。我的情况就是如此。"

有了对自信的定义,再深入研究它作为一个词和心理学中的一个学术术语的意义,以及它在实际生活中的意义,就能使它立马变得更易于理解。自尊可能是自信的一部分,但绝不是唯一的部分。这是个好消息,因为改变自尊是件很难的事情,但通过培养自信,你的自尊水平也会得到提升。能阅读这本书表明你愿意尝试新事物,你准备尝试别人给你提供的建议——这种尝试的意愿是自信的重要组成部分。

当然,当我们想到自信时,很容易想到某一杰出的品性。自信的人总是光彩照人的,不是吗?

每个人都有"it"因素

当我们称名人为明星时,当然是因为我们相信明星会大放异彩。你可能会想,普

> 自信就是全身心活在当下。自信就是有些人所说的"it"因素。
>
> **帕齐·罗登堡**

通人肯定无法拥有明星们所具备的"it"因素。然而，根据深受大牌明星追捧的帕齐·罗登堡的说法，我们每个人生来都有"气场"。尽管它可能会消失，但令人欣慰的是，罗登堡坚持认为我们每个人都可以重新与这个"it"因素联结起来。

人们可能会惊讶究竟是什么促成了这种"it"因素，或者是什么激活了它。作为领导者和运动教练，罗登堡认为，真正的自信来自深层次的知识，但她指出，这样的观点在当今社会并不流行。我们当然知道她是对的。因为借助网络，现在任何人都可以成为某一方面的"专家"。如果你长期苦于不够自信，你甚至可能会得出自信就是一种肤浅的知识的结论，但你终将认识到，真正的自信绝不肤浅。罗登堡总是回溯到古希腊来阐述她关于自我意识的观点。古希腊人到神庙拜访时，能在神庙内的一棵树上看到"认识你自己"这句神谕。认识你自己意味着接受自己存在知识上的空白，并需要获取知识——这会给你带来信心。我们被告知，知识就是力量，但其实它比力量更重要——它产生了"it"因素。

定义自信的困难在于，它很复杂，所以在别人身上识别它并不简单。人们很容易认为，任何一个看起来无所畏惧的人都是自信的。但他们会这样描述自己吗？

自信只在旁观者的眼中

我们可能觉得表演者都是一些自信的人，因为他们将自己置身于大庭广众之下，而不顾忘记已经背下来的内容以及招致负面反响

的风险。然而，百老汇前女演员尼基·福莱克斯指出，演员在舞台上可能会享受表演的乐趣，但在后台时会感觉很糟糕。他们可能会紧

> 我们正在自信地做某事，但我们往往在事后才能认识到这一点。那时我们会说："哇哦，我还真的做成了，当时我很自信。"
>
> **尼基·福莱克斯**

张得发抖，来回踱步，在上台前会想要上厕所，不过，一旦走上舞台，他们就会放松下来，忘记紧张。

福莱克斯解释说，出现这种现象的原因是，当人们正在做某事的时候，他们并没有想到自信这个问题，这与舞台上的演员和其他表演者的情况是一样的。重要的是要记住，这同样适用于很多想要获得自信的场合。你可能羡慕擅长商业推销的同事，或能为一大群人烹制美味晚餐的朋友，但他们可能并不认为自己是自信的人。他们可能经过了大量练习（反过来也获得了大量知识），并且热爱自己所做的事情。在进行一场业务演讲之前，或者在得知有 20 个人要来吃晚饭之前，他们可能也会感到紧张不安。关键是，你不必等到感到自信的那一天神奇到来后，才去做你梦想完成的事情。只要尝试去做，奇迹就会随之而来。

> **专注于大自然**
>
> 当你对自己感觉不太好时，有一种最简单的方法可以帮你转移消极的注意力，那就是把你的思想集中于自然事物

> 上。仅仅是注目于花盆里盛开的花朵，街道上树叶颜色的变化，雨后清新的气息，就能使你的精神面貌开始改变。
>
> 　　你工作的地方或你家附近有公园吗？下班后，你能经过公园、运河并从绿树成荫的后街步行回家吗？周末你会去一个不太远但有野趣、又有美景的地方一日游吗？有没有一个海滩，可以让你在沙滩或鹅卵石上漫步？在大自然的环境中散步，会让你感到身体充满活力，而且会让你的心情变得更好。

自信是多维度的

> 某一刻我们在与某人交谈时感觉很好，可当下一刻换了个交谈对象后，我们又会感到很无望。
>
> **尼基·福莱克斯**

　　自信在生活中是一个难以被定义和应用的术语，原因之一就是它是变化的。重要的是，我们要意识到、预料到并接受这样一个事实：自信不仅在生活中的不同领域会发生变化，而且在不同的时间段内也会发生变化。了解了这一点就意味着，你不会不切实际地想象自信的样子。正如福莱克斯所强调的那样，我们可能在某一时刻感到自信，但下一刻又不自信了，这完全正常。

第1章 你眼中的自信是什么样的

如果你把自信看成一种包含多个维度的态度，它就变得没那么抽象了。你至少可以从中找到一个适合你的维度，这是一个你能拥有并感觉良好的因素，你甚至能够弄清楚为什么你的自信心会发生转换。

自信教练安妮·阿什当在其所著的《成功人士的七个秘密》一书中列出了七个与自信相关的习惯：自我尊重、自我肯定、自我价值、自我掌控、自我信念、自我负责、自我奋斗。

> 自信能使人对自己和自己的能力有正面的认识，表现为坚定的信念、自信、勇敢的脆弱、果断、谦逊、乐观和热情。
>
> 安妮·阿什当

尽管你现在处于人生的低谷，并且想说这些对你都不适用，但你能来读这本书的事实就表明，你有自我负责的习惯。简言之，这意味着你可以摆脱目前的这种感觉。

将你对自信的认识与你自己、你是谁和你的感受联系起来，是至关重要的。在与那些因为生活中的某个事件而失去自信的人打过更多交道之后，生活教练道恩·布雷斯林开始调整自己对自信的定义。她最初为自信下的定义，更多的是关于消除自我怀疑的，并将其视为健康的自尊和健康的自信的副产品——这感觉像是一个老套的解释。后来她意识到，作为自信教练，她的工作已经变成了提醒来自各行各业的客户去认识真实自我的过程。

我们已经花了一些时间来分析自信的定义，因此我们可以消除你对它所产生的不切实际的幻想。我们希望，当你听说真正的自信

> 自信不是要树形象,也不是要勉力而为,而是要相信自己,知道自己可以过自己想要的生活。
>
> 道恩·布雷斯

并不在于外表,而是内心想要完成某事的决心时,你会松一口气。这不是要你看起来像一个专家,而是要你花时间去获取知识,从而成为一个真正的专家。这是一种对自己的探索能力的信任。这样一来,即使你没意识到,也可能已经对生活中的某个方面感到非常自信了。然而,当你在做自己喜欢或非常了解的事情时,你可能不会感到自信,你只是去做了。我们会鼓励你多做事,不要思虑过多,因为这会让你感到自信。我们生来就具备"it"特质,只是被生活遮蔽了。

我们希望这本书能帮你找回真正的自己,重返你所期望的生活之路。

问问你自己

+ 到目前为止,自信心对你意味着什么?
+ 你能识别出自己对生活中的哪个领域有信心吗?
+ 你得到过什么样的积极评价(即使你发现自己很难接受,也将其写下来)?
+ 什么妨碍了你聚焦于对自己积极的评论而不是消极的评论?
+ 你现在会以不同的方式来看待自信吗?

第1章 你眼中的自信是什么样的

自我测试

你有多自信

你每天的自信程度如何？如果我们缺乏自信，就会常常被别人看扁，有时甚至会自我贬低。相反，自信过头又会让我们显得自满和傲慢。你觉得自己有多自信？别人认为你有多自信？如何才能做到不自信过头？下面的12道测试题可以评估你的自信，并能根据测试结果帮助你找到正确的平衡点。

问题 1

你会出现在游戏竞赛类电视节目中吗？

A. 是的

B. 我不知道

C. 不

问题 2

对在最好朋友的婚礼上发表长篇演讲，你是否会觉得没什么不自在的？

A. 是的

B. 我不知道

C. 不

问题 3

你是一个特别积极的人吗?

A. 是的

B. 我不知道

C. 不

问题 4

你愿意去开飞机吗?

A. 是的

B. 我不知道

C. 不

问题 5

你愿意遇见王室成员吗?

A. 是的

B. 我不知道

C. 不

问题 6

你在工作中有与上司意见不一致的时候吗?

A. 是的

B. 我不知道

C. 不

问题 7

在朋友面前裸体会让你觉得难堪吗?

A. 是的

B. 我不知道

C. 不

问题 8

如果你觉得自己是占理的一方,你敢于反驳交通管理员吗?

A. 是的

B. 我不知道

C. 不

问题 9

你是否同意"进攻是最好的防守形式"这句话?

A. 是的

B. 我不知道

C. 不

问题 10

在糟糕的交通环境中驾驶是否会让你感到困扰?

A. 是的

B. 我不知道

C. 不

问题 11

在横穿马路时,你是否感到自信?

A. 是的

B. 我不知道

C. 不

问题 12

在风暴天气，你会去乘轮渡吗？

A. 是的

B. 我不知道

C. 不

||||||||||||||||||||||||||||||||||||||||
测试结果

大部分选 A：

你确信自己正在做的事情

当某件事风险很高的时候，你是最合适的参与者。你喜欢参与周围发生的每件事。例如，如果你的部门要彻底重组，为了给别人留下好印象，甚至为自己争取一个更好的职位，你会希望参与到重组过程中来。而在类似的情况下，一个不那么自信的人可能会因即将到来的变化而感到不安，会担心一波裁员潮的到来，或自己的职位被撤销。不过你要小心，不要过于自信，也不要高估自己的能力，因为这可能会让你冒不必要的风险，或者让你身边的人觉得你傲慢自大、自以为是。记住，成功是靠自己努力打拼来的，而不是命中注定的。

大部分选 B：

你足够自信，所以别人也会相信你

你相对来说比较自信，为了获得成功，你已经准备好承担适当的风险。但你还是喜欢安全感，避免过度冒险。即使你对自己的能力很自信，你也会确保自己不过分自信，并且总是在考虑了所有的选项后才做出决定。注意你对风险的态度，在没有威胁的情况下，尽量让自己走出舒适区，这样你就能培养出更强大的能力来应对任何恐惧。要像喜欢成功一样悦纳失败。这会让你相信，当你学会培养自己的技能、学习自己天生擅长的事情时，你能够处理好任何抛给你的事情，无论是好的还是坏的。

大部分选 C：

你对自己的能力缺乏自信

你生性过于紧张或过于谦虚，有时这会导致你看低自己。许多人欣赏谦虚，尤其是世间的伟人和好人所表现出的谦虚。退一步想想，你在生活中取得了什么成就，你拥有什么才能，然后再和那些看起来很自信的人做比较，这或许是一个好主意。当回顾自己的职业生涯时，你可能会感到惊喜，并且更倾向于相信自己未来的能力。如果你羞于出头，尤其是在别人面前会变得更胆怯，这会导致你缺乏自信，那你就要尝试多和别人打交道，并发挥你的长处。比如，如果你擅长下棋，那就加入一个俱乐部；如果你喜欢外语，就报名参加一门课程。你越自信，别人就越信任你，你就越容易成功。

Real Confidence
Stop Feeling Small
and Start Being Brave

第 2 章

为什么你想要自信，也需要自信

这些问题对你来说可能是显而易见的。你之所以想要自信，是因为不自信会让你痛苦；你之所以需要自信，是因为不自信会阻挡你的生活之路向前延伸。我们希望以上问题已经让你开始思考想要和需要之间的区别了。我们并非要用哲学讨论搅乱你的大脑。如果说我们有什么想法，那就是让你简化对自信的看法，这样它就不会显得高不可攀了。

自信是一个随处可见的词，但它对不同的人有着不同的含义。在第 1 章中，我们深入讨论了这些定义。在本章，我们将继续推进该讨论，以帮助你调整对真正的自信这一概念的理解。

你可能正处于对周围的人进行观察的阶段，这个阶段就像在网上搜索想买的东西一样。例如，你需要一台笔记本电脑，于是你就上网去搜索。首先你会考虑价格，也许你搜索到的最合适的笔记本电脑价格是x英镑[①]，然后你开始阅读其他买家的评论，直到最终确定了想要的货品。事实上，你需要的仅仅是一台家用笔记本电脑，因为大多数情况下你会使用手机和平板电脑，而且也不想为此花太多钱。但这样选择商品仍然可能会频频误入雷区，不是吗？可是，当你审视自己的生活，并审视那些拥有你在生活中渴求之物的自信之人时，你是否也对自己想要的和需要的做出过这么多的分析呢？

在这个消费型社会中，从如何选择手机供应商到如何选择特殊的早期假日优惠（holiday deals），我们都会花很长时间来考虑自己的消费决策。我们需要把同样的思路应用于我们的内心世界。这也正是你购买本书的原因，但我们不会只给你一个公式，让你拿去试试，然后你会弃之不用，因为这不适合你。我们的方法不是"一刀切"的。

问问自己为什么想要自信，为什么需要自信，这的确会帮助你明确前进的方向。追求自信在我们的社会中是一种相对较新的现象，这本身就很有趣。例如，在已故精神病学家韦恩·戴尔（Wayne Dyer）博士所著的畅销书《你的误区》（*Your Erroneous Zones*）的目录中并不包括自信。如今，人们对自信的成见太深，以至于它可能会掩盖你真正想要的（你的梦想）和你需要的（在生活中茁壮成长和得到快乐）。

---

① 1英镑 ≈ 8.88元人民币。——译者注

低自信正是一个不错的起点

托马斯·查莫罗-普雷姆兹克把自信形容为一个内部自动恒温器的强大形象，它能感知到我们有多大可能

> 自信就是指你觉得自己有多聪明。
> **托马斯·查莫罗-普雷姆兹克**

会达到自己所期待的表现水准。他对自信的看法让人安心：他认为，我们并不需要达到自我要求的那般自信。变得有能力才是我们需要关注的，当然，这样的话从一个自信的人口中说出来，也许更令人信服。毕竟，没有自信的配合，能力又有什么用呢？查莫罗-普雷姆兹克鼓舞人心的地方就在于，他坚持认为，即便自信程度较低的人，只要有了高能力，一样会有卓越的表现。是的，他不否认自信会让你的自我感觉良好，但他觉得自信带来的优势也不过如此。

难道这不是一个很大的优势吗？难道感觉好不是我们所需要的吗？当然，这是另一个问题。如果你认为你需要自信是因为你想要实实在在的成功，那么这位多产的学术和人格评估专家的看法是，成就不必与自信联系起来。如果你对自己的能力和成就感到不满，那么持续缺乏自信对你来讲仍然是一件好事。你可以努力去取得更多的成就。换句话说，正如查莫罗-普雷姆兹克的精彩表述："在自信不足的情况下，有能力的人往往会用成就来安抚自己的不安全感。"

如果你不禁想要反复阅读上述这段文字，那就说明它给你的大

> 在没实力的时候反而有自信,这绝对没什么意义。
>
> **托马斯·查莫罗－普雷姆兹克**

脑带来了一股冲击波,这也很正常,这位商业心理学家想说的就是,缺乏自信是一种能带来高成就的激励力量。如果你不够自信,那你可能很难理解查莫罗－普雷姆兹所说的话,但认识到缺乏自信并不是一个糟糕的起点,至少它可以帮助你继续前进。将你的注意力转移到变得更有能力上,要比纠结于抽象的自信容易得多,也更切合实际。

托马斯·查莫罗－普雷姆兹克博士对幸福和不满的见解

无知是一种幸福,至少短期来看是这样的。但如果智商降低30分就能增加幸福感,你会接受这个提议吗?我不会,因为你会错失生活的复杂性,你对社会的贡献也会变小。不幸的是,我们对幸福的概念依赖于良好的感觉。事实上,当我们做好事时,我们应该感到快乐。幸福是一个充满自恋色彩的现代概念。我们不是因为幸福才进化到如今的文明阶段的;事实上,不满才是进步之母。如果我们真的很幸福,我们就不会再进化了。

识别自身的自信需求

你可能已经开始相信，你想要和需要的就是植入你大脑中的高度自信。不管生活中出现什么不顺利的事情，你都很容易将其归咎于自信，并把它作为缺失的一环。例如，你搬家到了一个新地方，觉得只有自信才能结交到新朋友；在失业了很长一段时间后，你终于找到了一份工作，但你感到害怕，因为你在技术方面没有信心，你觉得自己像个白痴；你想要个孩子，却找不到伴侣，也没有信心通过网上约会认识一个人；你真的想要一段稳定的感情，却不敢相信自己能和某人进入亲密状态。

事实上，通过聚焦于自己真正想要的是什么，你可以辨识出自己的需求。通过分析以上这些例子可以得知，这种需求是广泛的，会覆盖到以下几个方面：

- 信息。你能做些什么，来最大限度地提高你遇到志同道合者的机会？
- 技能。你需要学些什么，你目前缺乏什么样的知识？
- 建议。最好的约会方式是什么，什么样的方式最符合你的个性？

你想得越具体，就越能专注于你需要掌握的东西。举例来说，所谓具体与否之间的差异是，前一种情况是你不知道要为多少人做饭，也不知道他们的饮食习惯是什么；后一种情况是你知道要为六个人做饭，这六人中包括一个乳制品不耐受的食肉者、一个素食者和一个纯素食者[①]。这可能导致你走向歧路，或者在不知道起点的情况下开始冒险，最终出错（准备了 16 人份的野外烧烤）；也可能让你做出正确的规划（如准备希腊 meze 风格的自助餐，让每个人都吃到可口的食物）。

当我们确定了想要的东西，就能去解决我们作为人的自然的心理需求。在第 1 章中，我们认为自我效能是定义自信的重要基础。因为自我效能是人类三个基本的心理需求之一（还包括自主性和与他人建立联系），我们可以通过明确我们想要什么，来学习如何找到自信。伊洛娜·博尼威尔博士解释说，这可以追溯到我们幼年学走路的时候。作为蹒跚学步的孩子，我们学会了如何在学会走路之前不跌倒。

> 作为人类，掌控局面是我们的基本需求。我们的自信来自对环境的掌控。
>
> **伊洛娜·博尼威尔**

如果你把人生经历看成一系列需要克服的不同挑战，那么你将开始打破"不自信"的障碍。可能有人告诉过你，你不自信，或者说你需要自信。然而，重要的是你要记住，人们有时只是为了说话而说话，并不一定明白他们正在说什么。有时他们这样做，是因为他们认为这对你是一种支持和帮助，或者因为有意识或无意识地提醒你缺乏自信，会让他们自己感觉好一些。有些人之所以喜欢不假思

---

① 纯素食者与普通素食者的不同在于，他们除了不吃鱼肉家禽等，也拒绝鸡蛋、牛奶、布丁、棉花糖、蜂蜜等动物衍生的副产品。——译者注

索地说话，是因为这会让他们感觉很好，而不说话会给他们带来不安全感，会让他们感觉很糟糕。

关键是不要给予别人一些物质性的东西。建立真正的自信需要深入内心，进行一些自我反省，也需要对自己需要的东西进行一些扎实的研究（包括建议、技能、知识、信息、专家、社交机会，甚至是能支持你的意气相投的新朋友）。比如，如果你现在需要掌握的技能是书写你那令人惊叹的家族史，而你却被未来艰巨的写作任务吓到了，那么只关注自信是相当浪费时间的。你不能靠自信来写作，而是要开始研究和整理一些信息，比如，上一门写作入门课，然后每周去上课；加入一个作者小组；每周都要为你的写作项目分配时间。当你的家庭回忆录开始成形时，你就有可能变得自信起来。

当然，你可能因为长期缺乏自信而感到不知所措。也许你不知道你想要什么。即使我们挥舞一根魔杖，给了你信心，你也仍然不知道自己想要什么，而且这种自信也不是真的。如果你专注于发现你想要的是什么，那么你的注意力就不会被对抽象事物的渴望所劫持。

进行自我分析

"你想要什么"这个大问题可能会让你备感压力，当然我们不希望你因压力太大而放弃自信（这是一种自然反应）。在这里，我们将让你了解自信的人是如何处理这一重大问题的。自信的人知道他们的自信来自哪里，因为那是他们的知识、专长、经验和激情所在。真正自信的人有自知之明，能够发现自己在知识或技能方面的不足。当他们需要涉足这些有差距的领域时，他们会通过自己的努力，去获得必要的技能、知识和经验。

声音和领导力教练帕齐·罗登堡在没有担任伦敦市政厅音乐戏剧学院的声音部门负责人，以及世界顶级戏剧明星的教练前，她是领导者和运动员们的教练。明星、领导者和运动员似乎都很自信，尤其是相对于那些感到沮丧和受挫的人而言。但我们还是应该试着推翻上面这个假设，并将其改成：那些在自己的领域最出众的明星、领导者和运动员仍在自我施压，继续努力在新的领域培养自信。

自信之所以复杂，部分原因在于，它在我们生活的各个方面都处于波动变化中。如果你觉得自己在生活的任何一个方面都不自信，或者很难明确地说出自己想要什么，你就可以利用罗登堡的四种自信（即身体自信、智力自信、情感自信和精神自信）来开始进行分析。

首先问问自己，在这些领域中哪些对你来说是最重要的，或者你想从每个领域中得到什么。比如，你可能意识到你的主要兴趣是在精神上，而你通过阅读和参加研讨会获得的知识使你意识到你在情感和智力上也都是不完整的。再比如，是你对精神的兴趣促使你定期去上太极课，结果你的身心都受益了。接着，你又意识到你对身体确实有自信。你知道自己需要在生活中针对智力和情感领域识别出更多的需求。当你问自己一些问题时,你将开始看到答案。你的工作是不是不够刺激(所以你需要一份新工作)?你是不是一个人待的时间太久了(所以你需要再次鼓起勇气去恋爱)?

通过对生活进行分解和分析,你可能会找到一些简单的方法来解决缺乏自信的问题。罗登堡的工作对象是

> 一切都要回到知识上。
>
> 帕齐·罗登堡

奥运会运动员。作为顶级运动员,他们当然对自己的身体非常自信。他们也掌握了展现的艺术,这是他们赢得奖牌的原因。但当他们需要做演讲时,会求助于罗登堡,因为这对他们来说是一个全新的领域。他们擅长用自己的身体工作,能掌控自己的身体,但他们不习惯以知识分子的方式工作,所以他们必须为此努力。

是缺乏自信还是自信被摧毁

在过去,即使你表面上很自信,但你也可能要面对一个事实:你的内心一直都很缺乏安全感。缺乏自信意味着你感觉它总是缺失的,或者情况根本就不是这样的。也许对你来说,更准确的说法应该是失去了自信。你可能曾经很成功、很快乐,并因此而感到自信,但是后来遭遇的事态和境况摧毁了你的自信,或者慢慢地削弱了它。弄清楚自己身上发生了什么,可以帮助你找到自己想要自信、需要自信的原因。对于那些表面看来生活很成功并且正假装自

信的人来说，找到与其外表相符的内在自信可能更重要，这样他才不会感到虚伪。而那些曾经有过自信经历的人，可能会渴望回到那种感觉良好的成功状态。

缺乏自信和失去自信可用不同的方式表现出来。对很多人来说，欣赏自信之人的部分原因是羡慕他们在行事中敢于冒险而不会陷入泥潭之中的能力。然而，冒险绝不是自信。鲁莽的决定可能是基于伪装成自信的恐惧，这可能是由于他缺乏自信或者失去了真正的自信。

> 当经过深入思考，并且对情况完全了解后，冒险就是自信。
>
> 安妮·阿什当

当然，生活并没有那么简单，你可能会意识到你是两者的混合体。你可能在职业上失去了自信，因为经济衰退让你失去了工作，而你的身份是建立在工作上的。除此之外，也许你从来没有真实地感受过社交上的自信。年轻时，也许你可以蒙混过关，因为每个人都去酒吧，你可以通过喝酒来掩饰你的拘谨。人们发现自己因为生活中的某件事而失去自信是很正常的，而这种失去让他们意识到，自己在其他方面也很缺乏自信。

我们能告诉你的最让你安心的事情是，任何状况都不是克服不了的。这里，我们之所以能给出一些很好的建议和帮助，其中一个原因是，当那些有过缺乏自信和失去自信经历的人重新振作起来后，他们能帮助别人获得自信。自信教练安妮·阿什当自身就是一个很好的案例，自信的问题在她的身上得到了很好的体现。从童星到模特，再到在电视台工作和成为一名企业家，表面上她很成功，有钱又有地位，但她也饱受饮食失调、糟糕的人际关系和被欺凌的折磨。她承认："我没有内在的自信来维持这种成功，我只是觉得自己配不上。"克服自己的问题激发了她通过培训来帮助别人的动力。当她开始给他人做教练时，她很快就发现很多名人和家喻户晓的知名企业家都和她一样，有过"冒名顶替综合征"的经历，他们看起来很自信，但其实缺乏真正的自信。

> **拥抱文化**
>
> 用优良文化滋养你的头脑，是改变你自身感受最简单的方法之一。正如帕齐·罗登堡提醒我们的那样，"我们通过听优秀的故事来学习"。与其担忧自信问题，还不如在戏剧或古典文学中寻找自信的榜样。对于一群爱书人来说，为什么不独辟蹊径，讨论一下在现代小说中"自信"与人物之间的关系呢？这些经典之所以成为经典，是因为它们是有故事的，从一开始就引起了观众的共鸣。通过分析除你以外的其他角色，可以让你的大脑得到休息，并体验可能与你类似的虚构角色的人生历程。

人们至少能骗过自己一时，认为自己是自信的，因为靠天赋就可以成功，无论是唱歌的天赋还是赚钱的诀窍。正如阿什当所解释的那样，此时所发生的情况是，自我正在驱动着这部分有着惊人天赋的人格，而且驱动得非常好。但如果你在生活的其他方面仍然感到能力不足，难以胜任，那么你迟早会发现自己缺乏自信。驱动着你的天赋或才能的那部分人格的自我，迟早会被不自信占领并毁掉。

> 如果我们不自信，我们的身心就会门户洞开，处于不设防的状态，也就很容易得不到尊重，并受到情感甚至身体上的伤害。生活在这个快节奏、充满挑战的世界里，缺乏自信是很危险的。
>
> 安妮·阿什当

这里所传达的重要信息是，如果自信不是真实的，它就不足以支撑我们的生活。我们需要真正的自信来支持我们外在的行为；否则我们可能会生病，容易上瘾，而且可能会非常不快乐。

如果外部环境侵蚀了你的自信，你就可能会感到疲惫不堪，甚至精疲力竭。此时你可能会问这样一个问题："当我无法掌控发生在自己身上的事情时，该如何培养自信？"然而，你会读这本书的事实表明，你不肯放弃内心深处的某种东西。如果外部环境是你失去自信的原因，那么你需要的可能不是自信，而是其他东西，比如完全改变或用以恢复的时间。正如你将从下面这则关于生活教练道恩·布雷斯林的故事中所看到的，成功并非不受生物或经济的影响。布雷斯林现在的许多客户都有过与她相似的经历。他们需要回归自我，但不确定如何迈出这一步以重拾信心。

第 2 章 为什么你想要自信，也需要自信

道恩·布雷斯林在失去自信时是怎么做的

20 年前，我是一名非常出色的广告销售主管，和丈夫住在一所豪宅里，银行里有很多存款，一切都很美好。后来我有了女儿，此后的九个月里她一直哭个不停。在那段时间里，我从一个从容、自信、乐天合群的人，变成了一个百无一用的母亲和妻子，我很胖，没有吸引力，也没有工作。和很多人一样，当我们经历充满挑战的生活变化时，就很容易失去自信。我完全失去了根基。当这些变故突然降临到你的头上时，那些消极的、有破坏性的想法就会悄悄爬上你的心头。这是一个日积月累的过程。某天，当你还站在世界之巅时，细微的侵蚀过程就已经在不知不觉中开始了，随着时间的推移，你最终失去了自信。

听从阿姨的建议，我去了路易丝·L.海（Louise L.Hay）的工作室，从而获得了一个启发我做好眼前工作的契机。我想知道有多少人也有这种感觉。由此我接受了路易丝·L.海和伯尼·西格尔（Bernie Segal）的心理培训，还接受了NLP（神经语言学编程）训练。我的内心有一股激情，想把我的想法说出来，传达给媒体。我想在GMTV上谈论一些有意义的事情。我被自己内心的想法吓呆了，我这辈子还从来没有在大庭广众之下讲过话，但慢慢地，我克服了自己的恐惧心理。

> 大约五年前，由于经济衰退，我与一家跨国公司交易失败，失去了一个千载难逢的商机。
>
> 我花了两年的时间试图独自运营这个项目，结果却遭受了一次小规模的摧毁。我负债 10 万英镑，恋情也宣告结束，我感到精疲力竭。我以为我再也不会工作了，我已经名誉扫地。但事实上根本没有人注意到发生在我身上的一切。简单地说，我的自尊心崩溃了。我不得不花时间重新恢复我的自信和精力，找回自我，这个过程花了整整两年的时间。

我们在第 1 章中看到，假设他人是自信的并不明智，因为这可能并不准确。在本章中，我们会引导你从你想要和需要的角度来分析你的自信。比如，你可能需要在做商业演示时表现得有自信，因为你需要向商业伙伴推销你的商业创意。我们希望你能从本章和本书中得到的最大启示是，低自信可以是一件好事，它会激励你走向成功，因为这样一来，你就会把重点放在发展技能和让自己变得更有能力上。确定想要和需要的东西，有助于你将生活的特定领域作为发力点，这样你就不必寻求得到一个备用的自信降落伞来保护自己，而是能够去培养自己的自信技能，以帮助自己渡过任何难关。我们希望你开始采取行动，在你想要发力的任何领域变得有能力，而不是只有一厢情愿的想法和消极的自我信念。

认清自己到底是缺乏自信还是失去了自信，抑或是两者兼而有

第 2 章 为什么你想要自信,也需要自信

之,可以让你更好地了解自己需要什么。如果在解决自信问题之前你需要先停下来或做点别的事情,那这个过程本身就会让你产生自信。如果你的自信在经过可怕的一年后被侵蚀了,那么你首先需要做的是花时间来恢复,以及思考你想要什么。

问问你自己

+ 我想要有信心去 .... ?
+ 我需要自信去 .... ?
+ 让我气馁的是 .... ?
+ 阻碍我去做我真正想做的事情的问题是 .... ?
+ 我每天都愿意做 .... ?

关注感受而非目标

大多数关于改善我们生活的建议都是基于明确的目标并朝着这些目标努力的。不过,如果你的现状是缺乏自信,设定目标并不能帮助你培养实现这些目标的自信。所以现在,先把目标和你想要做到的事情搁置一旁,从一个截然不同的角度看待自己:你想要什么样的感受。

道恩·布雷斯林建议,通过创作一幅情感拼贴画来发现你在生活中想要的感受。花点时间阅读你最喜欢的杂志和周

> 末增刊。撕下那些能体现你理想感受的图片、单词和短语。布雷斯林说："不要去挑那些关于理想的房子、工作或者任何物质性东西的图片。看到有人正在吊床上休息，你可能会找到重生（rejuvenate）、激发（inspire）这样的词。用你的感受板来确定你每天想要体验的五种感觉。"

自我测试

你是过于自信，还是自信不足

真正的自信是有自我意识的，对自己充分了解，知道自己的优势在哪里，在哪些方面还有待进步，在知识、技能和经验方面有哪些缺陷。

自信不是强不知以为知，或者不懂装懂。真正的自信是内求诸己，诚挚地进行自我反省，也对自己的需求（如培训、练习、良师益友）进行一番认真的求索以帮助自己实现目标。一个人变得自信，是因为他在某些事情上变得真正优秀，他的自信是建立在自然技能和资质的基础之上的。完成下面的测试，看看你是过于自信还是自信不足。

问题 1

当描述你的专业技能时，你会说：

A. 我总是直到最后时刻才能搞定

B. 我被大材小用了

C. 我需要更多的培训

D. 我对自己所发挥的作用感到满意，并有机会继续前进

问题 2

当参加一个没有熟人的聚会时，你会想：

A. 没有人注意我

B. 我怎样才能引起注意

C. 为什么每个人都看着我

D. 我要看看自己有没有心情与他们交谈

问题 3

你当下的个人生活让你感觉：

A. 对自己的吸引力自信满满

B. 像唐璜，但比他更性感一些

C. 好像自己需要一些爱

D. 既能参禅入定，又光芒四射

问题 4

当你单枪匹马完成一项任务后，你：

A. 恨不得站在屋顶上，拿着大喇叭宣传

B. 一定要让老板知道

C. 静静地欣赏自己

D. 再接再厉

问题 5

当一位同事想出了一个好主意，你会：

A. 让他知道要是没有你的话这就是不可能的事情

B. 什么也不说，因为拿出好主意是他的工作

C. 热情洋溢地赞扬他

D. 祝贺他，并欣赏他的贡献

问题 6

在你看来，一个好老板必须：

A. 和蔼可亲，能吸引人

B. 有雄心且精明

C. 谨慎而含蓄

D. 能力强、公正

问题 7

在答复一个就职邀请，或者去参加面试前，你会：

A. 不假思索就去，因为你很快就能了解到足够多的东西

B. 看看能不能走后门，攀上关系

C. 在朋友面前把自我介绍练上几次

D. 研究这家企业及其董事，以及这个目标职位

问题 8

当你正在看自己的简历时，你：

A. 要补充一下自己的教育程度和关键经验

B. 把某些方面的工作描述拔高一点

C. 忘了把真正有用的细节罗列进来

D. 认真检查，避免任何文字错误

问题 9

当你照镜子的时候会这样想：

A. 令人惊叹，还带着好莱坞式的令人惊艳的笑容

B. 好，增一分太多，减一分则太少

C. 不错，但还可以更好

D. 还不错

问题 10

想在工作中被提拔，你会：

A. 随时随地、不分场合地表扬自己

B. 邀请人力资源经理吃饭

C. 想知道时机是否真的恰当

D. 申请在职培训

问题 11

你已经有两周时间没有听到自己非常亲密的朋友的消息了。你会：

A. 明确告诉自己，他们不值得你惦记

B. 让一个共同的朋友出面，确保他们会给你打电话

C. 感觉他们一定生自己的气了

D. 打电话问问他们现在怎么样

问题 12

在最终面试环节，你的简历中出现了一个"漏洞"，这对应的是你为期两年的失业期。你的回应是：

A."我用这两年时间静心沉潜下来，现在回归职场，变得加倍强大"

B."我把这两年当成了轮休假，因为抽身在外，所以有了一些感受和思考"

C. 什么也没有做。目光向下看，保持平静

D."那两年很难，但这让我有时间分析盘点自己的优势与劣势"

测试结果

大部分选 A：

你过分吹嘘自己了

你经常觉得自己不够好，于是你就把自己变成众人瞩目的焦点，营造出很好的表象。你担心露馅，所以经常担忧：我配得上目前的岗位吗？我知道得足够多吗？你需要思考一下你这种提高自己

重要程度的需求，尽量不要再做这样的过度补偿之举了，因为这没有任何益处，有时甚至会让你看起来像个骗子。做真实的自己通常足以让你展示自己的价值，你可以在低风险的情况下尝试这种做法，那样你可能会因自己的成功而感到惊讶。

大部分选 B：

你在糊弄别人

你是一个有魅力的人，有很多好的品质，但你也是个说大话的行家，你会糊弄别人，甚至做手脚。你喜欢让自己的生活变得轻松一些。

唯一的问题是，你自己的感觉并不轻松自在。你担心人们会看穿你。如果你把做这些事的精力都投入到培养一种更诚实的生活方式上，情况又会如何呢？就朝这个方向努力吧。有需要就请求帮助，你会发现做自己无比轻松，总是想高别人一头可真的太累了。

大部分选 C：

你太过自我怀疑了

在低估自己方面，你算是无出其右者。首先要与自己和解，以避免那些让你感受到压力的局面。在这方面，你的朋友、书籍或治疗师都能帮到你。讨论一下这个问题，想想你走过的路，偶尔重新审视一下自己的技能。你需要去做那些能带给你快乐、信仰、欲望、爱情生活和令你担忧的事情。现实一点，试着对自己好一点！

大部分选 D：

你很有自知之明

你知道自己的才能、长处和弱点，你对自己和他人都很平和。你知道如何倾听，并能得体、清晰地表达自己。你知道如何让你的经历（好的和坏的）发挥作用，以改善你的人际关系，发展你的专业技能。

如果不进一步发展你现有的技能，就是一种浪费。你的才能必须不断得到成长，否则就会枯萎死亡。另一个陷阱是过于畏缩不前。要学会保持好奇心，不断给自己和他人带来惊喜。

Real Confidence
Stop Feeling Small
and Start Being Brave

第 3 章

自信就是悦纳自己

现在有这样一个问题，它常常会变成一厢情愿的臆想：如果变成阿迈勒（Amal）或乔治·克鲁尼（George Clooney），那会是一种什么样的感觉？当我们每天大步走向工作场所的时候，是否对自己浑身的行头毫不担心，完全是一副要去做正事的表情？对于狗仔队的跟踪，我们能否做到无动于衷？

其实我们真正需要扪心自问的是，对自己来说，真正的自信是一种什么样的感觉？事实上，我们需要稍微改变一下表达方式：当我真正是我的时候，自信的感觉是怎样的？我怎么才能知道我是不是真正的我？

关注他人，会让你处于自信的状态

让我们来听听一流的声音和领导力教练帕齐·罗登堡有关三个

第 3 章　自信就是悦纳自己

能量圈的比喻。第一个圈是内向的、内省的。第三个圈是外在的、寻求关注的，这是快活的、热烈的、喧哗的、傲慢的自信，罗登堡认为这实际上是在虚张声势。在第二个圈，能量是向内、向外两个方向流动的。这乍一听像是一个很难理解的概念，你会想"是的，但这对我来说意味着什么呢"。此时，你需要一种关于你将如何体验自信的感觉。罗登堡说，所有伟大的表演者、运动员和领导者都是第二圈能量的范例，他们在给予的同时也在接受，他们全身心地面对自己和他人。她说，这种二元性正是自信的应有之义。

当你缺乏自信时，你的注意力就会主要放在自己身上，所以你很可能处在能量圈的第一圈。假设你正在做一个工作报告，那你的思维过程可能是这样的："我可真是个废物，我把事情搞得一团糟，我讲得很无聊，没人愿意听吧？我连话都说不出来了。"你可能过于关注自己的消极情绪，而没有关注那些正在听你讲话的人，所以你可能会错过重要的信号：也许其中有些人在微笑；也有些人正专心听你讲话。只要做一个简单的转变，即从担心自己转到观察自己和他人，你就会体验到自己正以一种不同的方式与自己和他人相处。

罗登堡鼓励我们与他人在一起，无论是在说话时还是在倾听时，都慷慨地给予。通过提醒自己这样做，你会发现自己更有活力，而且即使没有意识到这一点，你也会促使自己处于一种更加自信的精神状态中。

> 如果你能倾听别人，你就会有一种充满人性的而不是装出来的自信。勇敢地向前走并保持开放——这就是自信。
>
> **帕齐·罗登堡**

知道自己正在做正确的事情

缺乏自信最大的问题之一是从说话到做决定,处处怀疑自己。你可能听到过其他建议,让你不必担心这样的感受,因为自信会随之而来。然而事实并非如此,不是吗?这并不是因为你有什么问题。如果自信是真实的,那么你会对自己的决定和行为感到满意。对于任何事情你都想尝试一下,而且你会有这样一种感觉:如果你不搬家,或改变职业,或将你的爱好转化为事业,你就永远不会知道结果是什么。当自信真实存在的时候,并不是说我们对事情的结果就很有把握,而是我们感觉很想看看接下来究竟会发生什么事情。

努力做自己

无论你生来是什么样子——是幽默、乐于助人、有教养、固执己见、热情奔放,还是别的类型——都无须在工作中将其完全屏蔽掉。调整这种品性的强度,虽说不是让其最大程度地得以展现,但是让它仍然存在。例如,如果你讨厌你的工作,觉得它无论如何也无法激起你的热情,那你还能想办法扭转乾坤吗?也许你可以在午餐时间跑跑步,或者带块蛋糕当午餐,或者建立一个午餐时间读书小组。想办法保持你的核心身份能立即让你变得更自信。

第3章 自信就是悦纳自己

生活教练道恩·布雷斯林总是试图让那些生活正在发生改变的客户（尤其在经历了一些摧毁他们自信的挑战性生活事件之后）明白，重大变化是一个成长的过程。如果我们跟随自己的内心（换句话说，听从内心的召唤），我们就会感到兴奋而不是恐惧。这是一种令人激动的兴奋，因为你正在做自己以前从未做过的事情，但这种感觉是完全正常和自然的。

你可能觉得无论自信的定义是什么，它都不会让你感觉糟糕，这意味着它一定会让你感觉良好。不过，把这种"良好的自我感觉"与其他事物联系在一起是危险的，尤其不能与成功联系起来。在这里，我们想澄清的是，这种来源于自信的自我感觉良好与快乐或实现目标无关。即使当事情进展不顺利的时候，真正的自信也不会消失。

> 如果能悦纳自己，你就能够向前走，知道自己是谁，也知道自己相信什么。自信就是笃定知道自己正在做正确的事情。
>
> 道恩·布雷斯林

在经历过无家可归、因失去伴侣而自杀等重大生活创伤，以及在事业上取得巨大成功后，自信教练安妮·阿什当告诫我们，不要把自信和成功，尤其是那些因运气使然而取得的成功联系起来。假设你中了彩票，或继承了一笔遗产，那么，这些会带给你真正的自信吗？你可能会兴奋一阵子，但运气不会带给你信心。当你培养出真正的自信时，它会成为你能在艰难时期仍保持坚韧的原因之一。

真正自信的状态：放松、平静，还有点小激动

> 内在的自信意味着，即使在事情进行得非常不顺利时，也对自己感觉良好。
>
> 安妮·阿什当

虽然对自信的定义以及围绕其展开的讨论都进行得很好，但我们在身心两方面都感受到自信了吗？如果能感受到，那这种感觉的具体成分又是什么？最近一次有人向你准确地描述对一种特定感受的内心体验是在什么时候？我们不会想要给你模糊的信息，让你不得要领，我们想要尽可能地精确。还有什么比科学能更精确地描述身体里所发生的生理变化吗？

娜塔莎·布尔迪欧博士对自信的生理状态的论述

当我们感到放松、兴奋和快乐时，身心都会处于某种状态中。我们知道那是一种什么样的感觉，是一种放松的期待感。这正是自信的感觉：我很放松，我知道我能做到，我很兴奋。自信是关于内心状态的，是内省加上身体的感觉。此时，你的脉搏频率会在正常范围内，处于放松状态；你会感到肠胃有隐隐的刺痛感。就像在期待一些令人兴奋的事情发生，你要去做你的事情，你感觉很棒，没有什么能让你失去平衡。

当我们感到不自信时，我们身体的内部状态会发生变化。心率会上升，排便可能会增多或胃部会感到不适。产

生这种感觉就是对局面失去了掌控。

而真正的自信是建立在知道自己知道什么，知道自己能做什么的基础之上的。这意味着我们能够承认自己不知道什么，并花时间去掌握它。如果我们已经准备好，就会觉得可以处理任何抛给自己的事情。这不是靠运气。

通过为大脑和肌肉提供能使其有效运转所需要的氧气，运动员能控制自己的心率和呼吸。如果你培养了内在的身体意识，就会知道自己的身体处于什么状态才能生机旺盛，这样你就不会陷入困境。

我们希望已经给了你一种准确的感觉，让你感受到真正的自信是由内而外的，从而激励你去做自己。悦纳自己意味着要进入自己的内心但又不能滞留于此。在与他人的关系中发展一种自我意识，并培养他人与你的关系的意识并不复杂。这就要求我们发挥作为人的主动性，尽己所能成为最好的自己。但这并不意味着强迫自己或对自己严苛。可能一种特殊的境况已经耗尽了你的自信，为了让自己满血复活，你需要一些时间来休息和重新振作。但这绝不是软弱的表现，恰恰说明你很重视自己。

如果你能重新体会到一切都很顺利、你也很开心时的感受，这会提醒你，自信就在你的心中。即使你正在经历一段糟糕的时光，并且不记得上次感到快乐或兴奋是什么时候了，也会有可以回想起的、体会到的快乐时光或瞬间，哪怕只是买了一个冰淇淋吃这样的小事。知道自己经历了一种感觉是自信的状态,这也会带给你勇气。

> **问问你自己**
>
> ✦ 你最后一次在做事时感到自信是什么时候?这是一种什么样的感受?
> ✦ 想想你假装自信的某个情形。此时你是什么样的感受?
> ✦ 当你落入某种处境、自己又缺乏自信时,你的身体里发生了什么?
> ✦ 当你感到平静时,你的身体里发生了什么?当你感到激动时又如何呢?

自我测试

你对自己有多满意

如果真正的自信是指,无论情况是令人悲观的还是乐观的,都真实、坦然地面对自己——你知道那是什么样的感受吗?你会怎样表达你的情绪?忠于自己的感受能让你感到安然吗?做真实的自己意味着什么?如果说自信是基于我们对事物的了解和对自己有能力做的事情的了解,那么有时承认不知道自己正在做什么,会是什么样的感觉呢?当事情进展不顺利的时候,你又怎能安然自处?做一下下面的测试,看看做真实的自己感觉有多爽——接纳自己的缺点,乃至一切。

第 3 章　自信就是悦纳自己

问题 1

对于说出真相，你认为：

A. 正常。没有什么比虚伪更糟糕的了（1 分）

B. 可取。但并非总是如此（2 分）

C. 有风险。始终应该三思而后行（3 分）

D. 会不得要领、危险、令人误解。真相有多种可能性（4 分）

问题 2

你意识到某人正在对你撒谎。你会：

A. 装作若无其事（4 分）

B. 立即告诉他们，以便让他们解释（1 分）

C. 让他们知道你心知肚明，但做得并不显山露水；为什么非要揭穿人家，或者惹他们生气呢（2 分）

D. 会和他们谈论这件事，但时间不会太长（3 分）

问题 3

你对自己的私生活谈论得比较多吗？

A. 从来不说。我坚持公事公办（4 分）

B. 足够频繁。但前提是只有在谈话中提到的时候才谈论（2 分）

C. 总是会谈到。每个人都喜欢谈论自己——这是唯一值得谈论的事情（1分）

D. 偶尔。我只和亲近的朋友谈论自己的生活（3分）

问题 4

对你来说，追赶时尚：

A. 更容易，这样你就能和其他人一样了（2分）

B. 有趣。这是表达个性的途径（1分）

C. 肤浅……但你总得与时俱进（3分）

D. 郁闷。那些永恒的事物才值得追求（4分）

问题 5

在你与他人的关系中：

A. 人们会说你是一个缄默的人（3分）

B. 你会让人痛心、烦恼、震惊。你当然会给人留下印象（1分）

C. 你总是讨人喜欢（2分）

D. 你有做事留余地的美誉，甚至可以说是谦逊（4分）

问题 6

在提出自己的意见时：

A. 如果有人想知道你的想法，那么他们必须打破砂锅问到底才行（4分）

B. 你会等着别人来征求你的意见（3分）

C. 你总是会提出自己的观点，但从来不以命令的形式提出（2分）

D. 即使别人没问，你也会给出自己的意见（1分）

问题 7

在一次商务聚会上，你的鼻子有点发痒：

A. 你会不假思索地挖鼻孔。这有什么问题吗（1分）

B. 你会用指尖轻轻地搔一下鼻头（2分）

C. 你会短暂离开，去得体地揉揉鼻子（3分）

D. 你会强忍到聚会结束（4分）

问题 8

你坚持写日记吗？

A. 我是过日子，又不是记日子（1分）

B. 我经常计划写日记，但从没付诸实施（2分）

C. 我开始写过，但中间有好几次停下来（3分）

D. 当然，我爱写日记（4分）

问题9

你受邀去参加一个无聊的聚会。你会：

A. 编一个借口，这样就不用去了（3分）

B. 婉转地表达歉意，表示不能参加（2分）

C. 回答"不，谢谢了，这不是我的菜"（1分）

D. 勉强去参加，而且会早退（4分）

问题10

你想在一个月后和某人分手：

A. 你会给他发文字信息（3分）

B. 你会回避他，但希望他能收到你所传达的信息（4分）

C. 你会安排与他见面喝咖啡，告诉他详情（1分）

D. 你会给他写一封长信，说明白你所有的感受，并寄给他（2分）

测试结果

总分为 10~18 分

本色：这就是你

务实和真诚是你的核心价值观。你很清楚真相会伤害他人，让人沮丧，但你相信从长远来看，没有什么能战胜真相。你擅长说出"真实的事实"：你的事实。这是有挑战性的。

这也有不利的一面：人们不得不接受真实的你。你不会总是为别人着想，至少一开始不会。这可能会让人觉得你麻木不仁，还可能会冒犯或激怒别人，这需要时间和灵活的手段才能解决。可以考虑稍微低调一点。

总分为 19~25 分

真实的：能够自我管理的你

你的座右铭是："做自己，但不去惹任何麻烦。"你知道如何控制自己的行为，以及如何根据同伴和周围的环境来选择自己的措辞。在说话和行动之前，你会先为别人着想。作为"受管理的真相"的支持者，你能用语言表达任何事情，但会温和而恰当地表达。

总分为 26~31 分

自我克制的：一个自我斟酌的你

你只会说真话——肯定不会撒谎——但也许不是说出全部真相，因为你不想伤害任何人的感情。良好的举止和行为准则对你很重要。你对如何与人相处得有分寸的态度，以及你的自我控制，并不是要拒人于千里之外，而是一种经过深思熟虑的接纳他人的方式。这不是不信任他人的表现，而是一种谨慎的态度。

总分为 32~40 分

隐藏的：一个沉默的你

真实对你来说只是一种幻觉：我们有很多面，而且我们一生都在改变。做真实的自己也是有风险的：伤害别人，勉强别人接受真实的自己，在一开始就把自己真实的一面暴露给别人，这有什么好处呢？如果直来直去有害，你就不会这样做。此外，谁敢说自己说的就是真话呢？我们今天所想的，到明天可能就变了。你不会按照原则办事，而是会从实用主义的角度去处理。你在行动前会观察很久，在开口前要认真思考很久。保持这种习惯可能会导致以下问题：你几乎从不直抒胸臆，你会隐藏自己的感情，你会过多地考虑别人的看法。要展示任何伟大的智慧，你都必须展现真实的自我，至少在你信任的人面前要这样做。

Real
Confidence
Stop Feeling Small
and Start Being Brave

第二部分

你为什么缺乏自信

Real Confidence
Stop Feeling Small
and Start Being Brave

第4章

你缺乏自信的根源何在

你缺乏自信的根源何在？让我们大胆猜一下。对于在童年时曾遭受过父母和老师双重打击的人来说，可能会明确地将其归咎于"童年时代"；对于那些其父母做得无可挑剔但老师却很苛刻（反之亦然）的人来说，可能会有所保留地将其归咎于"童年时代"；还有些人的童年时代很"正常"，或者他们在某些方面有自信，而在其他方面却不自信，因此他们对自己缺乏自信的根源感到困惑，对这些人来说，他们可能会犹豫是否要将其归咎于"童年时代"。

在这里，你需要记住的是，定义自信本身是复杂的。如果你陷入"我把自己的生活搞得一团糟"的困境，那你缺乏自信可能就是由生活环境造成的。离婚＋失业＋丧亲之痛＝失败感。失败的感觉将不可避免地影响你的自信心。

我们最早年的经历总是会以某种方式塑造我们。真正让人好奇的是，它会以何种方式塑造我们。让我们以2015年在纽约州立大学布法罗分校（University at Buffalo）进行的一项研究为例。该研究表明，来自不良背景的自尊心较低的人，比那些成功地走出困境、获得高自尊的成年人，拥有更高的自我清晰度。

心理学家将"自我清晰度"定义为自信地描述自我的能力。此前的研究表明，我们对自己感觉越好，就越清楚自己是谁。然而，布法罗大学的这项研究是首次考察早期家庭经历对人的影响的研究。低自尊的人期望值低，但这意味着他们有更高的自我清晰度，因为没有高自尊，所以当事情出问题时他们就不会感到失落。在没有进行更多研究之前，我们还无法得出明确的结论，但要记住，无论我们对自己感觉多么糟糕，这都不一定是件坏事。

当谈到"根源"时，我们往往会联想到一棵树；但是在讨论自信时，也许我们需要想到的是一个花园。在那座花园里，有些植物生长良好，正在开花；另一些植物即将枯萎死去；还有一些种子甚至根本不会发芽。这样看来，另一些事就变得显而易见了：一座花园可能是茂盛而美丽的，然而一场风暴就能摧毁它；由于生了鼻涕虫，一块菜地可能永远也长不起来；一只狐狸会在漂亮的花丛中横冲直撞；幼松可能需要被移栽几次，直到找到合适的生长地。当然，我们还是得照料这座花园。

自信是天生的还是由环境决定的

关于生物性的和遗传性的部分在我们的心理特征中所占的比

例，最常被心理学家们引证的数据是惊人的 50%。2009 年，伦敦国王学院精神病学研究所（Institute of Psychiatry at King's College London）的罗伯特·普洛明（Robert Plomin）教授和科里纳·格雷文（Corina Greven）教授进行了一项重要研究，得出的结论是：自信是具有遗传性的，并且可以预测孩子们在学校的表现。该研究对一些同卵双胞胎（具有相同基因）和异卵双胞胎（在相同的环境内）被试进行了观察。

从某种程度上来说，这样一项颇有影响的研究表明，由于有些人天生自信，因此那些在自信方面没有遗传优势的人就会处于劣势。然而，我们这 50% 基于生物性的自信会受到所处环境的影响，即受到父母、家庭以及居所和学校的影响。所以，即使没有自信的基因，在我们的基因构成中也会有一些其他东西能帮助我们培养自信。你可能遗传了各种各样的特质，这些特质都有助于培养你的自信。假如你从学会阅读并能够吸收大量信息的那一刻起，就成了一个书虫，或者你甚至在学会写字之前就已经学会了语言，这些天赋都可以作为你培养自信的基础。

除了生物/基因遗传组合，你的童年经历也会影响你的自信的养成。这种融合就像是为你的内部软件编程。有些小问题可能要追溯到童年时期。一些人困惑于为什么他们成年后会有问题，尽管他们有一个快乐的童年；而另一些人则好奇为什么他们走不出不快乐的童年的阴影。对此并没有什么简单的解释，这正是人类心理的复杂性和奇迹。我们的大脑构造让我们能以某种方式记住所有东西。

若把这种构造想象成我们体内的计算机软件,它就是我们所知的大脑边缘系统。就好比你的电脑会死机,会出毛病,会发生奇怪的事情,却无法得到什么"合理"的解释,你的大脑也会发生同样的事情。现在的某些事情会触发过去的一些事情,但这是无意识的。这就是我们对从肥皂剧到戏剧、从流行歌曲到歌剧等任何事情都会有反应的原因。古希腊人发展出戏剧,是因为它能释放积存的情感。

我们都受困于最原始的自我,被恐惧所支配。

尼基·福莱克斯

这就能解释为什么在没有明显原因的情况下,瞬息之间你就会从自信满满变为摇摆不定。假设某天你过得很愉快,当你看到一位停车场服务员向你的车子走来时,你很清楚时间还没到,而且你并不会收到一张停车罚单,但是这名服务员的出现还是会触发你内心的某些东西,你能感觉到自己心跳加快,变得焦虑、紧张起来。谁知道这是由什么引发的。你不必担心这会反映出你的自信程度,因为这是正常的。正如表演教练兼心理学家尼基·福莱克斯所说:"对于这种荒谬的反应,我们每个人都有。"

第4章 你缺乏自信的根源何在

> **伊洛娜·博尼威尔博士关于人们如何对积极和消极的影响做出反应的看法**
>
> 有些人天生就对消极和积极的影响有倾向性。这是个好消息,因为这意味着如果父母以积极的方式鼓励孩子,他们就可以走得更远。
>
> 当你还是个孩子时,如果收到的主要是负面的反馈,那么这对你发展出自信是没有帮助的。这是因为没有人会确认你成功地完成了任务,所以你没有成就感——这样你就不会产生自信。
>
> 但对完成得不成功的任务或未付出努力的情况给予肯定是无用的。对很普通的事情给予肯定会导致孩子自卑,因为他们在内心深处知道自己做得并不好。现代的积极养育和消极养育的作用都是消极的。这要追溯到斯坦福大学的心理学家卡罗尔·德韦克(Carol Dweck)的思维模式理论,这个理论是经过几十年研究而发展起来的。这种理论认为,人有两种思维模式:固定思维模式和成长思维模式。有成长思维模式的人相信我们的头脑是处于成长中的。如果我们给一个孩子提供诸如"你是一个伟大的天才"这样的反馈,那我们确认的就是一种固定思维模式,这样一来,这个孩子就会在内心深处认为自己是一个聪明的人。然而,当他遇到障碍并得到他"其实并不聪明"的

反馈时，他就无法应对这个局面了。他的反应就会是逃离。这种名不副实的正面赞扬会产生负面作用，它会让你形成一种对生活中的困难毫无准备的懈怠心态：我什么都做不了，所以我就不去做。因此，你的自信会受到消极养育的影响。

虽然没有科学研究能证实这一点，但父母对孩子的影响可能比学校更大，因为如果孩子的学业进展得不顺利，父母可以和他一起把一些事情说开，帮助他完成家庭作业，或者指出他准备不足。孩子会意识到自己会有很多老师，每位老师都不一样，然而父母即使离婚了，照样还是父母。

孩子们越开心，就越自信。自信可能会在青春期消失，但也可以被重建。积极的青春期就是让孩子获得尽可能多的经验，积极的和消极的状况都要包括在内。这样他们就可以测试自己在不同领域的能力。在青春期失败是好事。通过失败，青少年可以学会让自己做好准备，或付出更多努力。

安妮·阿什当揭示关于自信的消极观念

自信教练安妮·阿什当认为，我们大多数人的自信都是学来的。她说："生物学倾向、童年经历、父母的观点和看法以及文化和社会的影响，这些都是促成因素。通常，那些小时候被同学或家人欺负过，被老师批评过，或者曾不断受到伤害的人都会缺乏自信。"

你可能会觉得，如果你的成长背景能有所不同，今天的你就会更自信；但正如阿什当所指出的那样，她上的是私立学校，过去常常很不自信，但在她的客户中，曾在公立（相对私立而言）学校受教育的人和在国立学校受教育的人一样，会存在自信问题。她说："学校环境可以很容易地摧毁从家庭中获得的自信。"获得自信的过程更多的是忘掉我们所习得的关于自信的经验的过程。记住，缺乏自信通常正是因为我们会去重复那些习得性行为。你这样做并非离经叛道，这样的指责与事实相去甚远。

阿什当说："从出生到五岁，我们在不知不觉中被灌输了很多信息。这就像是把磁带录音机装进了我们大脑的内部电路盒里，而我们对此并不知情。"找出并重新组织这些"磁带"，而不是因此而恼怒，是释放这些被倾倒在大脑中的消极信念的关键。她还说："我们必须记住，父母和老师教的是他们所知道的东西。"我们需要问问自己：

> 是谁用爱来教育我们,却不认可他们自己?当你的"顾问团"告诉你不够好时,要问问自己:"这是谁的声音?"首先要记住,这不是真的,其次,这也肯定不是你说的!
>
> 　　确认某人是否因为无知、错位的爱或残忍而侵蚀了我们的信心,是向前迈出的一大步。

你的荷尔蒙和自信

　　从某种程度上来说,女人可能会感到沮丧,因为男人似乎在自信方面有优势。男性的荷尔蒙睾丸激素能提升自信,尽管在第 8 章中,他们会发现这可能未必是他们想要的那种自信,也不一定是适合他们的那种自信。作为一个男人,虽然你可能有充足的睾丸激素,但你会觉得自己的自信更多的是为了装门面。

> 有那么几周,我们会感到失控,自信水平下降,觉得自己做不成事情了。
>
> 　　　　　　娜塔莎·布尔迪欧

　　最被低估的影响女性信心的因素之一是荷尔蒙的变化,包括月经周期,以及雌激素和孕激素水平的变化。这些变化会影响女性身体对环境的反应,并影响她们的身体机能。

　　当我们谈论真正的自信时,性别之间的差异并不明显。有关生理学的观点不是说包括心理在内的一切都是基于生物学的吗？不完全是这样的。正如布尔迪欧所做的解释，生物学特征也会受到环境的影响。这意味着我们都有一个潜在的神经网络——我们固有的生物学机制。布尔迪欧说，"正因为如此，如果小时候有人告诉你你做得很好，那么你就会有出色的表现，神经网络就会活跃起来"。当那些唱得很糟糕却超级自信的歌手在广为流行的《X音素》(*The X Factor*)歌唱比赛中试唱时，他们怎么可能不知道自己不会唱歌呢？这可能是因为他们的母亲过多表扬他们而燃爆了他们的神经网络。

真正的人

克里斯能够准确地说出他在一生中失去自信的时段：那是他正上学的少年时代。一方面，父母渴望给两个儿子最好的教育，并为克里斯能进入一所著名的公立学校感到非常自豪。具有讽刺意味的是，他的哥哥在学业上并不聪明，进了一所地方职校还觉得很开心。另一方面，克里斯却觉得自己被捉弄了。这不是说他真的被人欺负了，因为他高大的身材和强壮的肌肉意味着他能够维护自己的权力，能够摆出一副自信的样子。他没有让别人看出他会因为别人的评头论足而感到难过。

在大学期间，克里斯也并没有感觉好过一点。他饱受自卑之苦，但仍努力像演员一样掩饰自己。他对自己所有的友谊和人际关系都感到失望，并嫉妒自己的哥哥，因为哥哥接受了成为厨师所需的训练，还有一个固定的女朋友。

没有人会想到克里斯会因为身高和外向的性格而缺乏自信。他在金融领域找到了一份工作，倒不是因为他特别想在这个领域就业，而是因为他的性格比较适合，能够顺利通过面试，因此获得了这样一份高薪的工作。表面上，他和任何一个年轻人一样，经常出去玩，经常酗酒，玩得很开心，但是他的哥哥指出，克里斯总是觉得要么被人利用了，要么受人欺负了。

对克里斯来说，最好的事情发生在他27岁那一年，当时，他的精神崩溃了，面临的问题就是缺乏自信。他的治疗师帮他认识到，他曾是一个自信、快乐的孩子，成年后他还能重新做回自己。他小时候最喜欢的活动是写故事，然后让他的朋友们表演出来。他最近开始上编剧课，并在市议会找到了一份工作。他感觉自己正一天天地好起来。

....

读过本章后，你可能会想知道你的内在自信是什么。如果人格的一部分是生物性和遗传性的，而且这就是我们的本性的话，那我们怎么知道是该接受它还是改变它呢？从何时起我们内在的"它"成了一个问题？如果你正在读这本书，那么你应该已经找到了这些问题的答案，并采取了积极的行动：改变你身上的一些在某种程度上会让你感觉不快乐的东西。但这并不意味着你要拒绝做本色的自己，尤其是你现在已经意识到，无论你来自遗传的自信处于什么状态，它都会被你周围的一切所影响。你最终的自信状态将是你的基因性、生物性特征和成长经历的综合产物。无论你早期的童年经历是积极的还是消极的，抑或是两者的混合，重要的是它都可以在以后的任何时候被逆转，比如现在。

问问你自己

+ 你还记得你小时候的样子吗？
+ 你还记得你上学时的感觉吗？你的老师鼓励你了吗？
+ 你童年时的状态是怎样的？
+ 从童年到少年时代，你的自信有变化吗？
+ 你能找出生活中影响你自信的关键点吗？

自我测试

你拥有什么类型的自信

通过这个测试，你将发现自己通常会表现出什么样的自信，以及这种自信是如何影响你的生活的。你有没有真我的风采，你大胆吗？你是热情洋溢的还是优柔寡断的？这种自信的风格从何而来？你是在一个鼓励性、支持性的家庭中长大，还是完全自生自灭？为了评估你有什么样的自信，请尽可能诚实地回答下面的问题。

问题 1

"他们不知道这是不可能的,所以他们这么做了",对这种说法你怎么看?

　　A. 对能够做到的人报以尊重

　　B. 这是你的座右铭

　　C. "现在这些格言都不太靠谱,对吧"

　　D. "这有点玄乎"

问题 2

当你和同事意见相左时,你会:

　　A. 彼此商量

　　B. 和他争论

　　C. 攻其不备,使其措手不及

　　D. 把自己的姿态放低

问题 3

你最感到疑虑的是?

　　A. 当今的世界

　　B. 其他人

C. 没有

D. 你自己

问题 4
你认为以下哪个词语与钱的联系最紧密?

A. 证券

B. 可能性

C. 实力

D. 贪婪

问题 5
你最亲近的朋友是怎么看你的? 他觉得你是:

A. 深思的

B. 有创造力的

C. 多嘴的家伙

D. 脆弱的

问题 6

你在生活中是如何实现进步的？

A. 通过自己总结经验

B. 靠误打误撞

C. 有很多不确定性

D. 通过让自己变得不可或缺

问题 7

是什么帮助你建立起自信？

A. 展现真我风采的机会

B. 创新的机会

C. 成功的感觉

D. 感觉自己有价值

问题 8

你会让自己随波逐流吗？

A. 你对生活之道有信心

B. 你总是能够早做打算、未雨绸缪

C. 你认为生活是一场必胜的战斗

D. 你经常有一种正在逆流而上的感觉

问题 9

当听到一个会给你的职业发展规划蒙上阴影的传言时，你会如何反应？

A. 制订新的计划，你无惧改变

B. 要求会面，看看这个传言是不是真的

C. 火冒三丈，你不会坐以待毙，不会无奈接受

D. 失控，觉得这个传言肯定是真的

问题 10

对你来说，在大庭广众之下讲话：

A. 需要提前准备

B. 感觉乐在其中

C. 是树立自己权威的机会

D. 基本上可以说是难以想象的

问题 11

在一个关于我们不断变化的社会和气候的讨论会上，以下哪个

话题是你想讨论的？

 A. 改变自己以改变社会

 B. 想象未来的能源

 C. 在经济效能和社会凝聚力之间：人的位置在哪里

 D. 简单的、当地的、具体的：能改变万物的创意

问题 12

对你来说，说"不"：

 A. 是尊重自我之道

 B. 是第二天性

 C. 很难说是出于本意

 D. 是痛苦的

测试结果

大部分选 A：

真性情的

你是一个可靠的人，也很忠于自己，努力践行自己的价值观。你能直面自己的需求、欲望和恐惧，表现出真正的自信，对此非常笃定。

第 4 章　你缺乏自信的根源何在

你的自信是建立在一种内在的安全感之上的，这种安全感可能是你小时候在父母的关爱和支持下获得的。你的自信同样也可能是你自我修炼的成果。你能意识到你的价值和精神财富，知道如何从自身经历中学习，无论这是快乐的还是令人悲伤的。

大部分选 B：

大胆的

你凭借着天生的热情勇往直前。你对生活的信念，加上一定的创造力和现实主义，给了你很大的自由空间。你知道如何赢得追随者。

你会勇敢地坚持自己的信念。你可能在孩提时代就被鼓励要出类拔萃。你敢在别人犹豫的时候行动。不过，你也需要考虑自己的行为。偶尔花点时间问问自己，如何在你已经很有天赋的领域发展自己的专长。这样做会让你更加客观。拥有真正的自信也意味着要考虑到自己的局限性。

大部分选 C：

厚脸皮的

你确实表现出了极大的自信，以至于人们很难不注意到你。作为一个成年人，你似乎对自己过于自信。在内心深处，你是真的相信自己，还是需要把所有人的目光都吸引过来，以刷存在感？这可能是一个没有得到足够关注的孩子在人们眼前晃悠以寻求关注。否则，在某些情况下你为什么要这么刻意地表现自己呢？要开始欣赏真正的自己，这才是拥有真正自尊的关键。从认识到自己的价值到重视自己的真正技能，这只是一小步。

大部分选 D：

优柔寡断的

你显得优柔寡断。你在做决定前会先听取别人的意见。让你说出自己的想法是困难的。你很在意负面的评论。你在害怕冒犯别人和害怕做出错误选择之间摇摆不定。作为一个孩子，你不被允许独立思考，你没有被倾听，你的需求、欲望或感受也没有得到太多支持，所以你只是勉为其难继续做下去；作为一个成年人，你缺乏给自己定位的标尺。最终，你对别人更有信心。感受到支持和鼓励永远不会太迟。当然，视角的改变是从内心开始的。

Real Confidence
Stop Feeling Small
and Start Being Brave

第 5 章

当你因缺乏自信而行将崩溃时，应该怎么办

幸运的是，你读了本书的第一部分，完成了所有的测试，回答了"问问你自己"部分的问题，并在第 4 章重新思考了自己为什么会缺乏自信，所以你对自信的看法开始改变了。最重要的是，我们希望你对自己的看法也在发生改变。

如果你正因缺乏自信而在某种程度上行将崩溃，那么这种变化可能会变得更慢。我们知道，一旦你意识到发展新技能和一步一步的尝试是关键，那么从新事物中获得自信就会变得更容易。然而，我们也知道，有些人是需要额外的帮助的，这就是我们写这一章的原因。如果你有一种特别的恐惧，比如害怕公开演讲，这会让你崩溃，我们希望本章能教给你一些方法，以克服这种缺乏自信的状况。

你可能会认为某些性格类型更容易使人丧失自信。在买这本书之前，你可能已经得出结论：你天生就缺乏自信，问题就出在你的

个性上。也许你认为害羞是你做不好商业演讲的原因，或者认为多嘴会让你陷入麻烦，破坏你的人际关系。

真的存在某种更容易让人自信或者不自信的人格类型吗？其实并没有这回事。如果你觉得像参加聚会这样的社交活动绝对是件折磨人的事，那你可能会认为那些外向的人在人群中从不缺乏自信。嗯，是的，有些外向的人确实很自信，但有些也不是。然而，在特定的社交场合，那些不自信的性格外向者可能更善于掩饰。你有没有想过，为什么你崇拜的这些外向的人会在聚会上多喝一点酒？是的，他们可能也会感到没有安全感。还有你那位闹腾的同事，他似乎每次演讲都要讲笑话来助兴，这是为什么？那位同事给人的印象是冷静的、放松的还是躁动的？

我们想说明的一点是，当谈及自信时，没有哪种性格是"不利的"。我们所有的专家都同意这一点，而且也有大量的研究来支持这一点。事实上，没有哪种特定的人格类型在让人获得自信方面存在问题。没有哪位接受访谈的专家将性格上外向还是内向与真正的自信挂起钩来，我们将对此进行更深入的探讨。

破解羞怯的迷思

让我们从讨论害羞开始。害羞意味着过于专注自我，过于陷入自我意识中。你可能会觉得，如果你从小就害羞，那不是件好事，害羞不可能有好处，肯定是缺乏自信的表现。心理学认为，

第5章 当你因缺乏自信而行将崩溃时，应该怎么办

害羞始于人类大约 18 个月大的时候，那时婴儿开始发展出自我意识。然而，哈佛大学著名儿童心理学家杰罗姆·卡根（Jerome Kagan）博士在 20 世纪 90 年代中期进行的一项开创性研究发现，有 15%～20% 的婴儿天生具有他所说的"抑制性气质"。当有陌生人出现时，还是婴儿的他们会踢腿，还在蹒跚学步的他们会躲起来。这被称为害羞。他们可能会害羞，也可能不会，但即使他们会害羞，也不能说就是缺乏自信，他们（可能你也是其中之一）只是对陌生人不感兴趣。也许他们无法从一大群人中获得什么乐趣，与一两个人在一起时才感觉更舒服。卡根从这项研究中得出的另一个观点是，害羞并不是一成不变的。如果你是在 20 多岁正因刚开始工作而焦躁不安的时候读到这本书，那请相信我们，再过几年，你就会如鱼得水了。

思考你所处的环境以及这些环境如何影响着你的行为，是很重要的。卡根的进一步研究和他的著作《三种文化》(The Three Cultures) 着眼于讨论生物学、心理学和人文学科如何影响我们对人性的理解。2008 年，在接受美国心理学会（American Psychological Association）的艾米·诺沃特尼（Amy Novotney）采访时，卡根表示，神经科学和心理学不足以解释和理解人类行为。人们必须了解一个人更多的经历和他所处的环境："一种特定的大脑状态会导致不同的人在不同情况下表现出不同的心理状态。"

依照卡根的观点，我们都受到历史和文化的影响。如果你出生在战区，那么即使你天生就是个自信的人，每天遭轰炸的袭击也会对你的自信产生影响；如果你在经济衰退时期找工作而没有成功，

那你的自信水平将会不可避免地受到影响。另一方面，你可能会发现，例如，即使现在经济正在从衰退中复苏，你还是无法感到乐观。

把弱点放在一边

当你对自己的看法不够积极时，会存在一个风险，那就是你会把那些让你感到过度暴露、焦虑或恐惧的情况标记为自己的弱点。随着时间的推移，你对求职面试的恐惧、对演讲的恐惧、对填写报税单的恐惧、对参加聚会的恐惧以及对陌生人的恐惧就会变得更加根深蒂固。但是，与其陷入绝望，无法应对自己的弱点，并把它看成你缺乏自信的原因，还不如用下面的方法来解决这个问题。

首先要超然地看待你所谓的弱点。它为什么重要？它真的那么重要吗？你真的需要把这个"弱点"转化为你所认为的优势吗？如果这是你讨厌做的事，会让你感到痛苦，那么请考虑其他选择。比如，如果你害怕做公开演讲（这是最严重、最常见的恐惧之一），那你就要考虑，你真的需要做公开演讲吗？如果这是你工作的一部分，或者这么做是为了升职或为你倾心的慈善机构筹集资金，那才能说你确实有必要去培养做这件事的技能。

请注意，我们并没有给它贴上弱点的标签，而是将其看成你要一步一步学着做的事情，这能让你生活得更好。但你可能对在最好的朋友的婚礼上发言感到很焦虑，你非常害怕在公众面前讲话，你甚至不喜欢扎堆，但又觉得必须参与其中。唉，你是不是这样呢？

是的，能在最好朋友的婚礼上侃侃而谈的确很酷，但是你能不能通过做其他什么事情来代替呢？

关键要弄清你所认为的弱点是否会影响到别人或者它是如何影响到你的。可以把缺乏自信重新定义为你需要学习的东西，或不需要学习、可以暂时放在一边的东西。这不是要把责任束之高阁，而是不苛求自己，不把自己置于过度的压力之下。也就是说"我在大型聚会上是个不中用的人"和"我不喜欢大型聚会"，说"我做不到去健身房锻炼"和"我不喜欢健身房"的区别。然后可以再加上一句"我更喜欢……"：

"我更喜欢和一两个人在一起。"

"我更喜欢远足。"

> **学会尊重别人，也就能学会尊重自己**
>
> 通过表达对他人的尊重，你就能培养出尊重自己的能力。通过承认别人，你会发现你开始原谅自己。练习尊重他人有助于我们培养谦逊的态度——本书中所有接受访谈的专家都认为这是真正自信的标志。
>
> 在你的生命中谁值得尊重？你如何表现出对他的尊重？你会更专心地听他说话吗？你会问一些问题吗？你能从观察这个人的举止和生活中学到什么吗？

充分准备，以克服低自信

> 有备而来，自可掌控。
>
> **帕齐·罗登堡**

我们钦佩那些有勇气登上舞台的表演者，其实他们事先都非常刻苦地做过准备。我们知道，麦当娜是世界上最自信的女性之一；我们也知道，她也在努力地工作，不停地排练。所有表演者，不论是舞者、歌剧演员、流行歌星还是演员，都需要认真准备。正如帕齐·罗登堡所指出的那样，如果没有经过长达几个星期的严格排练，每次演出前没有进行声音和身体的预热，演员们是不会登上舞台的。这是他们学习如何控制恐惧和压力的工作内容的一部分。罗登堡记得她伟大的导师玛丽·索姆斯（Mary Soames）曾这样描述自己的父亲、英国最伟大的首相之一温斯顿·丘吉尔：在发表演讲之前，他会在自己的卧室里走来走去，大声练习朗读那些精彩的演讲词。我们常常陷入恐惧之中，却忘记了一个显而易见的事实：这是因为缺乏自信吗？还是只是缺乏准备？

从公开发言恐惧到驾驶恐惧

在一些活动中，人的自信是显而易见的。想想那些你容易做到的事情。你可能擅长做手工，或者你不看菜谱就可以张罗一桌饭。你对做这些事情很自信，因为你已经做了很多次，以至于不假思索就能做。事实上，当你做一件新的事情时，不那么自信也在意料之

第 5 章 当你因缺乏自信而行将崩溃时，应该怎么办

中：这是新事物，要求很高，也很复杂。如果再加上这样一个事实：能否得到一份新工作在此一举，或其他人正在关注着这件事的进展，那你的压力就更大了。

> 在要求更高的情况下，事情就复杂了。对于任何需要我们去做的事情，我们都会产生一定程度的恐惧和怀疑。这是自然而然的。
>
> **尼基·福莱克斯**

福莱克斯教授演员身体暗示（基于神经科学），以帮助他们克服紧张和恐惧。她解释说，这样的暗示适用于我们所有人。这些肢体语言/动作并不是在模仿自信，而是让你的身体向大脑发送信息的方式。

打开你的胸腔和手臂，就好像你要伸出双手去给某人一个拥抱，这会向大脑发送一个信号：你没有受到攻击。这是你自己就可以办到的事情，在进入一个令人紧张的环境之前，做几个深呼吸，让自己平静下来。记住，自信意味着冷静（请参阅下文中来自尼基·福莱克斯的附文及第 10 章，以了解更多这方面的内容）。

任何能帮助你放松身心的事情都能帮助你克服那些很严重的恐惧。如果你要去上瑜伽课或太极课，或进行其他任何形式的身体锻炼，那要记得把其益处全面融入你的生活。这说起来容易做起来难。你可能会发现，你在瑜伽课结束后十分钟内就睡着了，但第二天又会惊恐发作。因为第二天你忘了做呼吸吐纳。"当我们感到害怕时，我们会收紧身体"，福莱克斯说。

在某些情况下，恐惧不仅是自然的，也是合理的，甚至可能是

> 你害怕是因为你足够聪明,能察觉到危险。恐惧能让我们分泌肾上腺素,肾上腺素是一种能量,而这种能量是一份厚礼。
>
> 尼基·福莱克斯

件好事(是的,真的是这样,请继续读下去)。当福莱克斯培训公司员工克服对公开演讲的恐惧时,她做的第一件事就是让员工确信他们是正常的,事实上,如果他们不害怕,那才是疯了。如果你害怕公开演讲,那你内心很可能已经深信你对此项技能并不擅长。然而,绝对没必要为此而感到内疚。你的感觉很正常:"你害怕是因为你知道在你做演讲的那一刻,人们正在评判你,他们在质疑你是否值得他们关注。在被人评判的情况下,我们是会感到害怕的。"这和你演讲是否成功没什么关系。

尼基·福莱克斯谈如何克服恐惧

确定你所恐惧问题的严重性

问问自己:我要依赖这个而活吗?如果不是的话,那它就不是生死攸关的事情,你的人生不会因此终结。这能帮你减轻一些压力。

循序渐进地克服恐惧

- 每次尝试坚持几分钟;时间不断增加,以45分钟为限。

计划去做一些有趣的事情

- 当每次针对某种恐惧的讨论结束后,马上就计划去做一些让自己开心的事情;
- 选择一些让你感觉良好的事情,这样你的大脑就会把你害怕的体验和喜欢的体验结合起来;
- 将你对某件事的恐惧与你喜欢的事情(如按摩或吃巧克力蛋糕)联系在一起,会降低焦虑的程度。

选择合适的人来帮助你

- 不要选择苛刻的人;
- 如果你对类似开车这样的事情感到恐惧,那就不要选父母或者伴侣:他们太爱你了,因此会把这视为对他们来说生死攸关的事情;
- 花时间去找合适的老师、指导者,或者朋友来帮你;
- 找到会为你的突破而欢欣鼓舞的人。

问问自己,可能会发生的最坏的事情是什么

- 如果你害怕烹饪,那么可能会发生的最糟糕的事情是什么?不过就是把饭菜全都烧煳。
- 问问自己,当最坏的事情发生时,你能做些什么。如果你在做饭时把饭都烧煳了,那么你可以叫外卖。
- 如果你害怕朋友跟你断交,那可以考虑先与对方

断交。

是恐惧还是社会性的完美主义

- 你是不是有不切实际的期待？你的内心是不是有个批评的声音在说你做不成这件事？
- 从不同的角度来看待你的社会性完美主义。
- 你恐惧烹饪吗？如果你能把餐桌摆齐整，并奉上热狗和烘豆，看看结果会如何。那样人们会喜欢的。

要循序渐进

- 如果你恐惧烹饪，那就做白水煮蛋；
- 识别出你想克服什么，然后想好如何迈出第一步；
- 不要再纠结"不能"做什么了：从小的行动开始。

通过打开腋窝来应对公开发言的问题

- 我们总想通过绷紧身体来控制自己的紧张情绪，但是绷紧的肌肉传达给大脑的信号是，我们正面临攻击；
- 克服紧张最快捷的一种方法是，伸出手臂，让腋窝呼吸。

抛开那些"这也不行，那也不行"的清规戒律

- 若有人建议你讲话时不要总是说"嗯"，不要停顿，不能枯燥乏味，不能无聊，要讲个笑话，要做这个、要做那

个，那你不要理会。

当你感到恐惧时，要对身体下指令

- 坦承自己感到恐惧，同时伸开双臂、做深呼吸；
- 微笑。当你微笑时，面部肌肉会放松，这有助于平息脑海中的恐惧感。

当你做了一些尝试之后，评估一下自己的感受

- 是感觉良好、从容舒适，还是没那么坏？
- 你有没有诸如"喔，我做到了""喔，我没死啊"这样的感觉？
- 当你忘记某些事情时，有没有意识到你头顶上方并没有亮起灯——其实并没有人注意到？
- 要记住，我们是通过行动来学习的。

寻求专业人员的帮助

就像你需要一个水管工来修理坏掉的锅炉，或者你需要一个专业网站或律师为你提供法律建议一样，你可能需要一个有资格和技能的专业人士来指导你克服恐惧。不寻求专业帮助会让你的生活更加艰难。通过上网查询"如何修理我的锅炉"，你可能会找到一些修理说明，但你不会这样做，因为你本能地知道，你还是需要一个水管工来帮忙的。你还需要学会判断,什么时候你能从专家的帮助中获益。

许多你崇拜的无畏的人会选择冒险,并通过获得专业帮助而使生活发生了戏剧性的改变。

当需要以自信来克服恐惧时,我们可以去寻求专业帮助。从驾驶教练到公共演讲教练,这些专家所拥有的专业知识是你的家人和朋友不可能拥有的。说到底,朋友和家人可能已经习惯了一个总是前怕狼后怕虎的你,也可能唯恐因说实话而惹恼你。还有一个原因是,有资格的人能够以建设性的方式提供帮助。许多咨询师、治疗师和教练自己以前就有过克服恐惧的经历,所以他们可能会有同理心。安妮·阿什当成为一名教练的机缘是,她在感觉快要崩溃时雇了一名教练来帮助自己,而当时她也觉得自己需要更换一个能帮助他人的职业。事实上,正是她对缺乏自信者的同情,让客户们克服了种种阻力。他们意识到她曾经有过和自己同样的经历,而她也知道他们正在经历着什么。

因为有不同类型的专业帮助可供采用,所以你要花些时间来弄清楚自己需要什么样的帮助。如果你需要的是一项特殊技能,那就要找对人;如果你需要有人给你注入意志力,引导你做出改变,那么生活导师可能会为你提供帮助;如果消极的思维模式让你崩溃,那么一个好的治疗师会帮助你打破这些破坏性的思维模式。一位经验丰富的专业治疗师会让你重新相信,你可以掌控某些特定的局面,因为这是我们与生俱来的天性。

第5章 当你因缺乏自信而行将崩溃时，应该怎么办

如果你习惯于贬低自我形象且自信水平较低，那对你来说独自解决问题是非常困难的。正如福莱克斯所解释的那样，你周围的人不太可能帮助你："如果你不笑，人们就不会对你笑；如果你做得不好，那么你的学校或雇主就会强化你失败者的形象。好的治疗应该能够打破所有消极的思维模式，这样你就可以做出新的行为，从而获得更多积极的反馈。"

> **娜塔莎·布尔迪欧博士谈如何理解身体信息**
>
> "有些人坚持认为，尽管他们知道如何应对某种特定局面，但他们并不自信，可一旦进入那种情境，他们就没问题了。"研究科学家娜塔莎·布尔迪欧博士解释说，这是因为他们的生理机能感知到了威胁根本不存在。这就是一些简单的身体意识和平静呼吸的技巧发挥了作用。
>
> 倾听你的身体，知道身体内部正在发生什么。你内心的感觉是什么？你有突然的排便冲动吗？你是不是突然开始流汗了？通过对这些现象加以注意，你就能认识到这件事情是不是你所能处理的。通过正确的呼吸，你可以在几分钟内降低心率。
>
> 弄清楚焦虑是由于缺乏自信还是另有原因。如果你的身心对吸入更多的氧气没有反应，这可能表明你有更深层次的问题需要得到帮助，并需要进行药物治疗。一定要听取医生的建议。

> 谈话疗法对认知方面的问题有效。如果你能让自己进入对恐惧进行思考的状态，那么认知疗法就会奏效。但对于生理性的问题，单单采取谈话疗法是没用的。我们现在关注如何教人们注意自己的身体，这样他们就能识别出这些身体信号，避免让自己落到需要药物治疗的境地。

避开负条件作用，让自信状态保持下去

与其假设因为个性不同，所以其他人不会出现你这样的问题，不如专注于自己的旅程。就像你在开车时，是不会去看别人是怎样开车的，那样的话你很容易撞车。

如果你能一步步地往前走，就能放手把事情做好而不会出错，这样一来，恐惧也不会让你崩溃。你将能把那些"要是这样可怎么办"的担忧放在一边，阿什当提醒我们，这些"担忧"源于多年来根植于我们成年人思想中的负条件作用。是的，随着我们年龄的增长，这种负条件作用会变得越来越严重，而且，年复一年，我们内心的混乱状况也会越来越糟糕。你并非生来就面临这种令人崩溃的恐惧，它们是逐渐形成的。阿什当说："我们在年轻时无所畏惧，因为初生牛犊不怕虎。然后我们开始遭受别人的批评和拒绝的打击。别人的评头论足会击垮我们的自信。此时，要学会做你自己并继续前进。现在我拒绝接受别人的评头论足，我会对他们说：'谢

谢你和我分享你的观点，不过，这只是你的观点而非事实本身。'"

我们希望本章所给出的重建你极度缺乏的自信的方法，能让你从不同的角度来看待这个问题。既然你知道自信和个性类型并没有关系，那就悦纳你的个性吧。同时，别忘了把你的感受和所处的环境联系起来。这不是为自己找借口，而是富有同情心的表现。如果你感到恐惧是因为害怕失业，或者真的失业了，或者一个难搞的老板打击了你的自信，这都不是你的错。要知道，不是你在打击自己，是外部的东西伤害了你。如果你在自信方面存在某个根深蒂固的问题，那就把它当作一个实实在在的问题来对待，并寻求专家的建议。关键是要不断前进，不断尝试，而不是放弃和逃避。

问问你自己

+ 你有什么害怕做的事情吗？
+ 哪些恐惧是你必须克服的？哪些是你可以完全避免的？
+ 在生活中，你有没有一些总要设法避免的局面？你能给出什么理由，真正的原因又是什么？
+ 思考某个你认为已经超出自己能力范围的行动。你有没有感到害怕，觉得自己没有做足准备，或者缺乏付诸行动所必需的知识和技能？
+ 你是否可以做一件切实可行的事情来消除障碍，这样你就可以自如地去克服恐惧（例如，雇一个清洁工帮你收拾家里一团糟的烂摊子；找一个保姆，这样晚上你就能有空闲时间去上课；和别人交换技能，这样你俩都可以省钱）。

自我测试

你对自己的能力有信心吗

有一个令人吃惊的事实：自信和成功没有关系。在职业阶梯的任何一端，都会有自信的人，也有不自信的人。有一些最成功的人却可能是最不自信的，也有一些最不称职的人反倒看起来自信满满。但正如我们所领悟到的：如果你专注于培养自己的技能，增强自己的实力，你自然就会变得越来越自信。通过下面的测试，你可以看看自己在工作中的自信状况如何。你对自己的能力有没有自信？那就测试一下看看。

问题 1

你的公司正在举行周年庆活动，邀请你做个简短发言。

A. 不意外。他们知道你乐意干这种事情

B. 能被邀请还是不错的。你有点感动

C. 工作，工作，还是工作！他们可真是没创意

D. 选错角色了！他们还是找别人吧

问题 2

从你来到会场的那一刻起，一位同事就开始不停地笑。

A. 你会问他是什么事情让他如此开心

B. 你以微笑回应

C. 你向别处看，假装没注意到他

D. 这让人困惑。他一定是感觉你很可笑

问题 3

当你即将离开办公室时，当地一名电视台记者把你拦了下来，要问你一些关于工作压力的问题。

A. 如果记者人不错，所提的问题也有趣，你愿意接受一个简短的采访

B. 你会实话实说

C. 你不希望在离办公室这么近的地方讨论这种话题

D. 你不喜欢回答记者的提问

问题 4

对你的采访刚刚结束。当要离开时，你的想法最有可能是：

A. 我又干了一件白费力气的事情。这事没那么难

B. 双手合十祈祷。现在除了等待审查结论外别无他法

C. 你从两方面分析了这件事的利弊：这次采访进行得是否顺利？我的回应是否清晰

D. "我该这么说,而不是那么说!"你在脑海中回放整个采访过程

问题 5

你已经在一个部门干了五年,但你的老板还是会喊错你的名字:

A. 你对此不能容忍,每次都会纠正他

B. 以其人之道还治其人之身,你也喊错他的名字

C. 你可以藐视他。在你看来,他不值一提

D. 一点也没把这当回事。你甚至没有注意到这件事

问题 6

当你准备拨打一个重要的专业电话时:

A. 你会设定好具体的通话时间,然后毫不犹豫地拨通电话

B. 把要点写下来,以保持头脑清醒,不遗漏任何内容

C. 在拨号前,你会专注地想上一会儿

D. 有时,你拨号后又会挂断

问题 7

你在走廊里遇到了老板。他让你到他办公室坐上五分钟。你会：

　　A. 不假思索就随他走进了办公室

　　B. "要是这件事真的重要的话，他应该会提前打电话让我去他的办公室。"于是心情平静地走进他的办公室

　　C. 只说谈话的时长而不说原因，这有点奇怪。对此左思右想

　　D. "为什么？会有什么事情？"能闻得到危险的气息正在逼近

问题 8

所幸老板失言了，这让你得知他就要离开了。如果能由你接替他的职位，那再好不过了。接下来你会：

　　A. 告诉老板（或者人力资源部门），你正在申请他的职位

　　B. 努力聪明行事，以得到自己想要的结果

　　C. 向相关的人求证老板即将离开的消息

　　D. 选择等待。非正式的消息没有什么意义

问题 9

老实说，在择业方面最重要的事情就是：

　　A. 晋升的可能性

B. 收入

C. 工作的重点

D. 工作环境

问题 10

你是你所谋求岗位的两个候选人之一。经理当着另一位竞争者的面问你:"为什么要选择你而不是他?"

A. 你按游戏规则来,试图说服别人

B. 你努力笨拙地回应,以突出你最好的品质

C. 排除另外一位候选人不干你的事。你拒绝说出别人的短处

D. 你嘟囔了几句。在你看来,自己已经出局了

问题 11

当你在会上想谈谈自己的看法时:

A. 你经常脱稿发言

B. 你通常会参考笔记,甚至照着念

C. 你的听众认为你很放松,不过事实并非如此

D. 你经常感到不自在,这很明显

问题 12

你的老板生病了,让你代他参加一个重要会议。他会把控制权交给你,事成与否全看你的了。

A. 一分钟也不能耽搁。你马上为参会做准备,研究各种相关的事情。你必须接受这个挑战

B. 他真的认为你能办成此事?你希望他能说出来——并且重复一遍——然后你才能接受

C. 意识到别无选择,你会去做这件事,并且要做好。但这压力也太大了

D. 这可不行!太冒险了!你试着说服他,这不是一个好主意

测试结果

大部分选 A:

你自信心爆棚

和其他人一样,有时你也会失去干劲,怀疑自己的能力,但这不会持续太长时间。在荣誉感的驱使下,你一定会去寻找必要的资源,去实现自己的目标,展示自己的能力。事实上,你似乎需要确保在某些领域比别人强一点。也许你觉得自己在人生的某个时期没有得到充分的认可或重视,而现在你试图证明他们是错的。其他人可以被你的成功所鼓舞,只要你能认识到他们的优点——偶尔也能认识到自己的缺点……

大部分选 B：

你不得不相信自己

要想在这个世界上出人头地，除了相信自己，你别无选择，这就是你的观点。别人不会为你而战，也不会为你唱赞歌。所以，能否给自己一个合适的机会，来证明你有能力应对工作带给你的挑战，这取决于你自己。

因此，你努力做到负责任，以确保自己的角色不会受到质疑。当情况变得艰难时，即使有时你会怀疑，你也必须说服自己，反复强调你已经具备了胜任这份工作所需要的所有技能。

大部分选 C：

你看起来很好，但感觉自己是个冒牌货

你知道如何隐藏自己的疑虑和弱点，并表现得很自信。事实上，这只是一种表象，背后隐藏着一些不安全感。你可能需要努力说服自己，你会坚持到底，有时你真的很忧虑。当你害怕不能胜任时，就会竭尽全力不让自己表现出来。为什么？也许是因为骄傲，也许是因为不信任别人，你似乎害怕别人会利用你的弱点来对付你。尽量不要过多地怀疑自己和他人。

大部分选 D：

你经常自我怀疑

你竭尽全力去克服自己缺乏自信的问题，却不断地自我怀疑。这种质疑自己的倾向令你很痛苦，因为你经常会感到自己在被他人评头论足。你在害怕什么？是害怕没有人欣赏你或爱你吗？不要放弃，努力将这种弱点转化为优势。平等待人会让你培养出宽容、同理心和良好的倾听技巧，这些在工作中非常有用。想想如何最好地利用这些资源。

Real Confidence
Stop Feeling Small
and Start Being Brave

第 6 章

打击自信的 15 个因素

我们写作本书的目的之一是要帮你认识到，获得自信未必是一件复杂的事情。只要意识到那些以消极方式影响自信的因素，就有可能在行为不发生根本改变的前提下提升自信。

当认清是什么让你失去了自信后，你就可以沿着正确的轨道去培养自己的技能，这有助于你在某个特定领域中获得自信。就像孩子需要学习如何安全地横穿马路一样，我们成年人也需要在艰难的旅程中得到一些指导。尽管我们在此为你识别出的一些因素可能是显而易见的（比如消极的人），但我们还是想要确切地解释一下自信是如何受到影响的。也许我们指出的一些因素会让你大吃一惊。

首先要认识到下列哪种描述与你的情况吻合，以及在多大程度上吻合。本章末尾列出的用于自问自答的问题，能帮你更好地进行自我分析。对于某些打击自信的因素，你只要意识到它们的存在，就能帮你避开其影响（比如避开消极的人）；而对于其他与你的生活方式有关的状况（比如疲惫），就需要你去评估该如何应对它们。

以自信为目标

现在你可能想不到，在这样一本寻找自信力量的书中，会把"以自信为目标"视为打击自信的因素。不过，请记住，我们关注的是真实的你，并鼓励你专注于一步步获取你想要的东西的过程，你的目标是某种东西，而不是自信本身。比如，开始一段新恋情，找到一份新工作，结交几个新朋友。如果你陷于"我只是在寻找新的合作伙伴/工作/朋友方面不够自信"这样的心态，并希望将其转变成"我想变得足够自信去寻找新的合作伙伴/工作/朋友"，那么你做的所有事情都是在强化"你缺乏自信"这一信念。

> 不要把更自信地做某事作为目标，要聚焦于行动，努力做得更完美，或者更与众不同。
>
> 尼基·福莱克斯

作为一名心理学家和治疗师，尼基强调，如果把自信本身作为目标，那么在这个目标中隐含着一个负面的假设：你不自信。关键是要采取行动。例如，对于开始一段新恋情，你可以问问自己尝试网上约会是否合适，并听取那些已经借此成功交友的朋友的建议，或者让朋友给你介绍一个他们感觉可能与你更般配的人；对于一份新工作，你可以给自己设定一个每周求职目标，或者去学习新的技能；为了结交新朋友，你可以参加自己感兴趣的夜校课程或者加入一个社团。那就是说，要去做一些事情。

经常性的负面思维

> 我是没用的人,我什么也不是,我是无可救药的——这种习惯性的负面思维让我们感觉更糟糕。
>
> **伊洛娜·博尼威尔**

现在你需要退一步,倾听你大脑里的声音。如果你的消极情绪是持续不断的,这就像在你的大脑周边有一圈篱笆。如果不把篱笆拆掉,然后进去修剪,你就无法从黑莓丛中清理出疯长的杂草。不幸的是,我们自己的信念和思维过程可能就是我们自信最大的打击者。这就像骑着一辆踏板松掉的自行车上山一样,你永远无法集聚起足够的力量前行,反而总会有一种往后溜的感觉。因此,直面你的负面思维模式(这样的认知能帮助你改变它)。

周围充斥着消极的人

我们都会认识这样一些人,他们让我们感到泄气或自我感觉糟糕,或者两者兼而有之。不要因避开了这些人而感到内疚,因为这样做有充足而正当的科学理由。我们的大脑中包含着神经科学中所谓的镜像神经元。研究科学家娜塔莎·布尔迪欧博士解释说:"这就是为什么我们能感受到别人此刻的感受。如果一个人感到悲伤,这些神经元就会让另一个人大脑中的某些区域做出反应。佛教中的冥想通过将其转化为积极的东西而发挥作用:每个人都在思考同样的事情以创造平静。佛教徒知道,如果群体中的一个人体验到另一种情绪，就会影响到整个群体。"

我们需要了解的是这些镜像神经元在日常生活中是如何影响我们的。和消极的人在一起当然会让你变得消极。弄清和某个人（或某一群人）在一起对你所产生的生理性影响，是识别和谁在一起对你没好处的关键所在。你要注意到自己心跳加速、头痛、紧张和不舒服等身体状态。

如果你是那种郁郁寡欢或者灰心丧气的人，并且深知自己的心态消极，那就去寻找那些为了克服这种消极心态而努力的人。也许他们正在接受治疗，或者正在读这方面的书籍，或者在生活中正在改变自己。和这样的人在一起有助于你克服消极情绪。因此，你要争取多和那些知足而放松的人打交道，而不要选择和那些怨天尤人的人在一起。

教你表面性自信技巧的人

当有人告诉你只要自信"就好"，或者更糟的是，认为教导你自信无论如何都是有益的、都是一种鼓励时，你完全有理由感到这不对头，不是这样的。不幸的是，这样的话经常出自那些我们亲

> 这可能是你对别人说出的最愚蠢的一句话：要有自信，要自信地思考。听到这样的话对人没有任何帮助。它只会让你感觉糟糕，因为你无法运用意志力让自己变得更自信。然后你就会觉得自己有问题。从教导我们该如何去感觉的人那里，我们学不到任何东西。
>
> **尼基·福莱克斯**

近的人之口。如果是这样的话，你可能需要重新评估一下这个告诉你应该如何做的朋友对你到底能有多大帮助。

具有讽刺意味的是，对于长期失业的人、想重返工作岗位但担心自己的技能过时的母亲和任何遭受裁员打击的人来说，那些教导应聘者在面试时要自信的培训课程也起到了类似的效果。因为这样的话不能影响到人的内心。自信教练安妮·阿什当说，表面性的自信技巧对失业或被裁员的人没有什么帮助。"如果一个人在内心对自己感觉不好，告诉他在求职面试中要表现得自信是毫无意义的。改变必须由内而外发生"。因此，要多向那些能够倾听的人寻求支持。

积极的肯定

当读到积极的肯定会打击自信这样的观点时，你可能会大吃一惊，因为我们在前面的章节中曾告诉你，要抛弃消极的想法，要远离消极的人，而我们现在的说法听起来甚至与此相矛盾。我们认为，积极的肯定固然很好，但当我们培养自信的时候，却并非如此。我们猜想你可能已经试过这种方法了，并且可能因此而吃过苦头，告诉自己要自信怎么会没用呢？的确如此，无论有多少逼真的想象，编制再多的梦想清单，再卖力地假装现在的自己就是理想中的自己，都无法修复你的自信。

心理学家们有充足的理由去批判这些方法。没有科学证据证明应该这样做。罗伊·鲍迈斯特（Roy Baumeister）博士是最受尊敬的心理学家之一，由他领导的一项最大规模的研究表明，当你努力去建立自尊时，可能得到的只是一个虚假的结果，不会出现真正好的结果或更高水平的表现。这不是真实的。不断地向自己重复"我有信心"，一点用处也不会有。所有这些方法或许都有其他用武之地，但在解决自信不足的问题上却行不通。因此，学会悦纳真实的自己，这是肯定真正自我最积极的方法。

> 所有研究都表明，拥有高自尊的人在使用积极肯定的方式时会产生更高的自尊。但是对于低自尊的人来说，积极的肯定却产生了相反的效果。他们的自尊甚至会因此而降得更低。
>
> **伊洛娜·博尼威尔**

假装微笑

你可能已经养成了程式化微笑的习惯，尤其是将其作为一种在工作中与难相处的人打交道的应对策略。但问题是，这样一来，这种呆滞无神的假笑就变成了你的默认设置。在任何让你感到不舒服的情况下，无论是抱怨商店的服务还是去参加一场工作面试，你都已经习惯于挂上这灿烂的假笑，甚至连自己也意识不到这不是真的。但是说到真正的自信，我们说的就是实打实的真正的自信。如果你所要对付的那些难相处的人不只是难相处，还有可能是无赖，这就会产生特别不利的影响。安妮·阿什当这样说道："如果我们对无赖报以微笑，给他们好脸色，我们就是在奖励他们。这会侵蚀我们的自信。"

表演自信

人们可能一直在喋喋不休地告诉你,"要假装成功,直到取得真的成功为止"。对一些人来说,这很容易,甚至比对培养真正的技能更热衷。不过,具有讽刺意味的是,当过度自信的人假装自信时,就不会再去关心自己的能力,或者会陷入自恋,而他们可能对此并不在意。但当你长期缺乏自信时,试图假装自信绝对是可怕的(更多关于过度自信的内容见第 8 章)。

> 勉为其难地去做明知自己做不到的事情,由此造成的压力会损害你的健康。这并非真正的自信。
>
> **娜塔莎·布尔迪欧**

假装自信会给身体带来巨大压力,所以无论如何你都不想经历这些。医学知识告诉我们,这会导致心率加快、体内酸性物质增加,从而会出现多种肠胃疾病。因此,你需要的是,一直努力尝试,直到取得成功。

过度分析过去

虽然治疗有其作用,但过度分析过去,只会阻止你改变现状。自信问题很难突破,因此,一方面你想弄清楚自己为什么缺乏自信,另一方面你又不想沉湎于过去。

假设你一直都心知肚明,挑剔的母亲就是导致你缺乏自信的根源,那么我们希望你通过学习第4章,也能评估自己变成这个样子的其他原因。但如果你把自己局限于过去,每天都去回想,这就像是在脑海里强化你注定要失败的想法。"这无疑像是无期徒刑。"尼基·福莱克斯说。

对此,如果你想接受治疗,要考虑清楚哪种类型的治疗和哪位治疗师能为你提供最好的帮助。培养自信需要从当下开始积极地展开思考,所以有必要想清楚,现在是不是重温过去的好时机。如果你需要自信来解决失业带来的困难,以便重新找到工作,那现在可能就不是讨论你从小就被拒绝这种感觉的合适时机。你总是可以从一个更有利的位置返回来疗愈伤口。

你的脑子里很可能已经存储了很多过往的信息,为了获得自信,你需要屏蔽这些信息。如果不想让这些"录像带"再在你的脑海中播放,福莱克斯的建议是:"扎根于当下——提醒自己当下这一刻没有人在对你评头论足,然后,采取行动。做一些身体运动。显然,瑜伽课、跑步、跳舞,任何令人愉快的体育运动都很好。不过,就算仅仅散步十分钟,也能让你'离开头脑',进入身体。这样你会感觉更好,思维会更清晰,负面信息对你的影响也就不会那么大了。"

可以听听音乐,做一些让你快乐的事情,给自己一个挑战,让这项活动变得再难一点。从DIY到烘焙,从缝纫到园艺,干什么都行。当你沉浸在当下,消极的情绪就会消失。

盲目攀比

好吧，知道这件事会让你感觉很糟，但我们还是要提醒你。社交媒体在我们的生活中扮演着如此重要的角色，以至于人们会忍不住去围观别人的生活和照片，并与自己的生活进行比较，从而感到绝望。这是很危险的，因为这会在你的脑海里引发消极的想法（为什么我没有一份更好的工作？为什么我还是单身？为什么我的生活不能步入正轨）。如果你感觉自己不够优秀，缺乏安全感，那和别人比较只会让你感觉更糟。然后，你的消极思维就开始形成别人在某些方面比你更好的看法。正如阿什当所解释的："我们感觉自己不配获得成功或幸福。"这是危险的。因此，不要在社交媒体上浪费大把的时间。

贪图轻松的生活

如果你觉得是艰难的生活打击了你的自信，那可能会让你感觉更好一些。如果一个人拥有美好的童年，并且接受了良好的教育，没有遇到任何真正的挑战，那么，这实际上会对其自信产生负面影响。"看看现在的青少年，当他们从父母提供的安乐窝里走出来后，就会感到迷茫，"博尼威尔说，"他们越是被宠着，就越能轻松地获得名牌服装和奢华假期，在处理现实生活中的问题时就越不自信。这就是越来越多的孩子在20多岁以后还待在家里的原因。他们期望太多，却没有获得走出家门后足以维持自己现有生活水准的能力。

因此，他们只能坐在家中，无所事事。"

因此，要记住，是过去的经历让你变得强大了。

精疲力竭

无论如何都要避免让自己疲劳到无法坚持正常工作的地步。布尔迪欧警告说，当身体筋疲力尽时，大脑中的创意也会枯竭。当大脑被耗尽时，脑神经回路就会变得躁动紊乱。这意味着你的大脑不能适应学习新的技能了，因此你难以掌控新局面，也就难以变得自信。如果你是一个工作狂，判断不出自己什么时候会变得疲惫不堪，那就请注意你的渴望吧，因为这是大脑在对葡萄糖/能量需求发出的尖叫，这样它就可以指挥身体的所有功能。你既要睡觉、休息，也要玩游戏。

喝酒减压

没人会否认偶尔喝点酒能让人放松。不过，如果你发现在繁忙的一天结束时，你需要通过喝酒来缓解压力，那你就需要注意由此产生的一些副作用。当过度疲劳时，我们大脑中的自主神经系统（负责包括心脏在内的身体机能）就会超负荷运转。"当自主神经系统超负荷运转时，身体就会变成酸性的，导致神经紧张，心跳加速，血压升高。"布尔迪欧这样解释道。这些对身体都没有好处，更不用说酒精的危害了。酒精的摄入也会影响大脑。"酒精麻痹并关闭了大脑额叶,而额叶是能对压力以及我们的自我感觉有多糟糕进行思考的大脑组织,因此这就麻痹了我们的自我意识"。这意味着,如果你是因为工作太累而喝酒,还想通过麻痹压力找到改变职业的信心,那么你也麻痹了那些有助于你做出改变的东西。

"对于那些觉得自己需要酒精来缓解压力的人来说,他们可以做的最重要的一件事情就是,开始摄入富含绿色蔬菜的饮食,因为碱化效应可以帮助他们限制对酒精的需求,"布尔迪欧说,"避免吃酸性食物,吃碱性和碱化的食物会有所帮助。"

因此,最好找到类似瑜伽这样的课程或者放松的技巧,来帮助你放松下来。

现代城市生活

> 我们在城市里变得死气沉沉。我们呆望着人行道和地板。我们还没有完全清醒并融入其中。我们封闭自己,钻进自我隔离的气泡中。
>
> **帕齐·罗登堡**

现代城市生活似乎在许多方面都令人兴奋,但它对人们内在的自信有着惊人的影响。当你日复一日地坐在通勤车上,就像在跑步机上漫无尽头地向前跑,当你弯腰伏在电脑屏幕前长时间地工作,更不用说在漫长的冬季长久地待在潮湿、寒冷的房间中,你的身体和大脑已经习惯了这样一个生存条件不够友好的环境。如果你刚到一个城市，还处在摸索阶段，那你的大部分社交联系可能都在网上。也有可能你工作时间很长，没有时间去会朋友。此外，在周末，你可能会感到精疲力竭，与住在城市另一边的熟人见面是不切实际的。我们会自然而然地习惯这样的生活，甚至可能意识不到它是如何影响我们的，特别是当我们为能有这样一份工作而高兴，且对城市生活的其他方面（如教育或文化方面的机会）又比较享受时。然而，重要的是我们要认识到城市生活对我们的影响。

沉浸在自己的小世界里一段时间是可以的，但你没办法一直待在里面。如果你总是盯着手机，对周围的人和事茫然无知，那你就不仅失去了与周围事物联系的能力，也失去了与自我联系的能力。这是一个可怕的循环，因为融入群体的第一步就是要建立起联系。城市社群的缺乏，主要就是因为人与人之间缺乏联系。罗登堡做了这样的解释，这种社群的缺乏在更深层次上剥夺了我们的自信：我们感到缺少保护，没有安全感。"如果我们彼此之间有联系，我们就会更有安全感。毕竟对认识的人实施犯罪是难以下手的。"

为了培养真正的自信，你需要了解真实的自己，所以你需要和真实的自己交流。而真实的你不是在人行道上，也不是在你的手机里。

难缠的人

> 要培养大胆站出来、大胆表现、大胆说话的自信。
>
> 安妮·阿什当

对你的自信打击最大的一个因素就是那些难缠的人,不幸的是,他们无处不在:在职场中,在你的社交关系网中,在你的家庭中。然而,由于缺乏自信,你难以对他人就什么样的行为是可以接受的、什么样的行为是不可接受的设定严格的界限。界限的缺乏会给那些难缠的人和总是要占上风的人发出信号:他们可以随意左右你。阿什当提醒我们,要表现得像柳树那样:坚定可靠、根深蒂固,而又有柔韧的枝条——这是来自佛教的原则。那么如何将其付诸实践呢?那些难缠的人是可以被预测到的,所以你至少可以提前想好如何对付他们。

设定界限的一种方式是阿什当所谓的"打马虎眼":同意,然后顾左右而言他。比如,当你正充满信心,想要实现新的创业梦想时,父亲或者母亲却告诉你,他们从广播里听到,大多数放弃自己稳定的工作去创业的人最后都后悔了。不要生气,也不要辩解或感到难过,你可以先进行深呼吸(如果有必要,你可以从1数到10),然后对他说:"谢谢你的意见。我们去哪儿喝杯茶?"(这句话尤其适合说给家人听。)通过做好准备,你还可以防止那些难缠的人动摇你的信心,或者接近你。你不妨写下一些矛头直指生活中那些难缠的人的有力的励志格言,并练习大声地念出来。

一成不变

在生活中踟蹰不前，深陷在熟悉的人际关系、家庭、工作和朋友带来的安全感中，也会让我们的思想僵化、故步自封。想想看，你对每天例行公事般的上下班感到多么无聊，而对去机场即将开启度假之旅又是多么兴奋。改变常态可以帮助我们想起自己是谁，想在生活中得到什么。想想在假期放松的某个时刻，你有没有忽然发现自己正在和别人讨论如何改变自己的生活？无论是像吃得更健康这样的小事，还是像搬家这样的大改变。

然而，你容易受困于这个问题：你就像被困在一条又长又黑的隧道里，看不到出路在哪里。此时，你要做的第一件事是承认自己陷入了困境，不要责怪任何人或任何情况。这种感觉已经够让人难受的了，再加上更多的消极情绪，无疑是雪上加霜。不要指望马上就能做出重大改变。要对自己温柔一点。

那些小的改变，比如午餐吃不一样的食物，或者按照不同于以往的路线回家，可以慢慢地让你的心境开始发生改变。你会发现一个小小的新选择就会逐渐导致一些小小的改变。从现在开始，在本月内，每天都要试着改变日常生活中的一个细节。

> 如果某些方法不奏效，那就去尝试其他方法，然后再继续前进。要灵活一点，要拥抱变化。
>
> **道恩·布雷斯林**

道恩·布雷斯林谈平衡的重要性

在我们的社会中,人们已经形成了一种雄性能量思维——我们告诉自己,只要采取行动,我们就可以做到任何想做的事情。我们成功的秘诀是冲、冲、冲,快、快、快。然而,这种生活方式只会让人精疲力竭。我相信,在人类的进化过程中,是时候找回平衡了。

当你经历了一些事情,如生意失败或被裁员,再逼迫自己去寻找另外的商机或工作可能是致命的事情。当我们的精力被消耗殆尽后,在接下来的一段时间内肯定不能每天不停地做事以便找到工作,或每天用功以学习新技能。如果你把自己逼得太紧,就很可能会生病。在你精疲力竭之时,还要强迫自己开始做新的事情,那可能是无效之举。

在这些情况下,我们要允许自己停下来、静下来。按照古老的传统,我们要学习平衡:阴阳相济,以花看半开为原则。在我们的社会中,我们总是竭尽全力,不会休息,不会安顿身心,不到万不得已,不会求助于人。

当孩子累了,我们会让他躺下休息,照顾他,直到他恢复精力,我们会让他先玩一会儿,然后再放开一点,直到他觉得已经完全准备好了。其实,成人和孩子是一样的——我们的需求是相同的。

从疲劳中恢复的这个过程有点像堆肥。我们那些令人痛苦的结局就像是肮脏、恶臭的堆肥，但新的开始将会在此出现。就如同四季，我们的生活也是循环往复的，经过一段时间，幼苗开始从荫郁的林下灌丛中向阳而生。我们不能强行重新开始；它们会自然地发生。花时间休息、温柔地对待自己会被视为软弱的表现，但为了重获信心，重整你的疲态是至关重要的。

如果我们退一步，就能找到让生活慢下来的方法。评估你的状况，找到一种减少开支的方法。这可能意味着削减开支或简化生活。在你进行自我恢复和修复的时候，要想办法解决你的生活需求。我给了自己两年时间用以从疲劳中恢复过来。我简化了生活，在经济上也就是勉强能维持生活即可。

要想在失业后重新激发自信，你就要暂时忘掉工作，把注意力集中在每天想要的感觉上。想想你最希望体验到的五种感觉，问问自己如何将这五个词融入生活的不同方面。如果你想感受奇迹，那就去美丽的地方漫步吧。好奇吗？那就去探索新的地方。

真正的人

离开大学校园20年后的今天，玛丽娜还住在市中心一间潮湿、可怕的斗室里，房间里有老鼠出没，在这个区域居住的大都是一些无聊好斗的年轻人，她在这里也没有朋友。离婚、错误的财务决策（把她通过离婚协议获得的微薄财产花在了旅行上，然后在印度创办了一家公司但以失败告终）和经济衰退都导致了她的落魄。她勉强接受了一份低薪的餐饮服务工作，就算生病了也不敢请假，因为负担不起。当她把这份工作也弄丢后，脑海中萦绕着一大堆"我一无是处，我把自己的生活搞得一团糟，没人理解我，活着还有什么意义"之类的念头。她觉得自己什么事都做不成。

事实证明，来自一位没有放弃她的老朋友的偶然邀请，成了她正需要的催化剂。玛丽娜会答应她的朋友在其外出旅行时，帮忙看家和照顾狗吗？玛丽娜决定从人生的低谷中站起来透透气。

朋友的房子在康沃尔一处宁静的海滩边。一开始，玛丽娜带着狗散步，在海风吹拂的海滩上哭泣。然后狗引着她往另外的方向走，此时太阳正跳出海面，这次她探索了更多地方。现在她的脑海里响起了这样的声音："今天我感觉好多了，现在我感觉好多了。"她开始和别人打招呼，开始泡咖啡馆。当她的朋友发短信问她是否一切都好时,她没有说狗怎么样,而是说起了她自己的事情。"你的声音听起来好多了,"她的朋友发短信说,"你不必回伦敦了——这只是我的一个想法。"

不久,玛丽娜在当地的一家慈善机构找到了一份管理工作,还在康沃尔郡找到了一套与人合租的房子。她开通了摄影博客,并注册了 Instagram 账号。现在一个可爱又爱她的男人也出现了。

....

我们希望本章能让你深思,而且当你在生活中识别出我们所列出的 15 个会打击自信的因素中的任何一个时,甚至会微笑以对。我们的目的是解释清楚某些东西是如何侵蚀你的自信的,以及要如何避免。显然,其中一些会比其他的更容易解决。比如,你完全可以放弃"表演自信"和"假装微笑",这会让你松一口气。在工作中,你或许能躲过爱抱怨的同事,但要对付一个消极的亲戚,你需要做更多的准备。

你要记得在家里放纵自己,这能让你消除疲惫,但在紧张的一天结束时喝点酒,可能是一个很难戒掉的习惯。你没必要给自己施加任何压力。我们并不是要求你列出清单和目标,给自己设定时间限制,而是为了让你更容易获得自信。

> ### 问问你自己
>
> ✦ 你是在和某些人在一起之前还是之后失去信心的？他们是谁？
>
> ✦ 你有没有发现，你在某一天开始时相当自信，但当这一天快要结束时就没这么自信了？是什么让你的自信水平降低了？
>
> ✦ 人们说什么会让你意识到你的自信水平在下降？他们的哪些话会影响到你？
>
> ✦ 你有没有尽力照顾好自己？你是否得到了充分休息，睡眠是否充足，饮食是否良好，是否积极地为自己的健康着想？
>
> ✦ 你周围有没有爱抱怨或消极的人？在你的日常生活中，消极的人和积极的人的比例如何？

Real
Confidence
Stop Feeling Small
and Start Being Brave

第三部分

如何学会自信

Real Confidence
Stop Feeling Small
and Start Being Brave

第 7 章

自信是你学得会的技能吗

是的。答案就是这么简单。

我们不仅可以培养自信,而且有证据表明,我们在生命的任何阶段都可以做到。这真的永远都不会太迟。2014 年,康考迪亚大学(Concordia University)人类发展研究中心(Centre for Research in Human Development)开展了一项历时四年的研究,研究了 60 岁以上成年人自尊的变化和自信心。这项发表在《神经心理内分泌学》(*Psychoneuroendocrinology*)杂志上的研究表明,持续培养自信有益于老年人的健康,使他们受压力的影响也更小。如果你仔细想想,就会发现增强自信的好处不止表现在一个方面,因为这个过程也会增进健康。如果你还年轻,好吧,这意味着你有充足的时间。如果你担心年龄大会成为培养自信的障碍,那你大可放心,事实并非如此。

但也许真正的问题在别处。假设你努力从不自信变得自信了——这能持续下去吗？问题是，自信并不是我们要达到的终极目标，我们是要将其化为一面旗帜。在一开始，生活是不可预测的，任何事情都有可能把我们击倒。但如果掌控环境也是我们的天性，那真正的自信必然会涉及掌握一些新东西。对于蹒跚学步的孩子来说，要先学会走，再学会跑，然后学骑自行车……作为成年人，如果我们真正在生活，就要努力去尝试新事物，无论是跑马拉松、做头手倒立的瑜伽动作、阅读查尔斯·狄更斯的全集、开发一个黑种草巧克力配方，还是在最好朋友的婚礼上发表演讲。

自信的关键在于提升自己

> 社会上流行一种说法，低自信是错的，而超自信是好的，但事实并非如此。
>
> **托马斯·查莫罗－普雷姆兹克**

在左边这段引言中，查莫罗－普雷姆兹克的建议是要改变你对自信的看法。如果你认为自信就是发现风险并想出解决办法的能力，那你立刻就能从对自己的负面看法中解脱出来。由此出发去做一个更主动的人并没有那么难。

比如，你一直拖着不敢到高速公路上开车，因为你以前从来没有这样做过，你害怕上、下高速公路，害怕高速行驶，一见重型货车就心慌。这意味着你正在识别会对自己造成威胁的危险状况。

你当然可以通过完全避免在高速公路上开车来解决这个问题。或者,你也可以按照查莫罗-普雷姆兹克的建议,专注于培养自己的能力。就这件事情而言,你要通过学习一些额外的驾驶课程来学会在高速公路上开车,即使你已经通过了驾驶考试。你也可以和有经验的司机交流,或者作为乘客与他们同行,以学习他们的经验。

征求反馈和建议

托马斯·查莫罗-普雷姆兹克博士强调了发展自我意识、利用现有资源以及保持强烈的职业道德的重要性。当然,如果你选择利用这个机会来提升技能,那反馈只会是一个助推器。他警告说,即使有科学的人格评估,大多数人也会对反馈感到不安。他们拒绝改变需要改变的东西。

另一种方法是找一位年长的导师为你提供指导。他可以是你的家人,也可以是在你的工作场所中担负着培养人才职责的人,还可以是你能联系上的所参加课程的负责人。帕齐·罗登堡表示:"我遇到过的所有杰出的领导者都是出色而慷慨的导师。当有人把他们的宝贵经验传授于你时,你会感到非常自信。"

伊洛娜·博尼威尔博士谈增强自信

在来法国之前，我对烹饪非常有信心。我觉得自己厨艺甚佳。来到法国后，我才意识到自己根本就不会做饭。所以我花了几年时间来精进厨艺，从而重获自信。在法国，当你邀请别人一起吃午餐时——我丈夫是法国人，有邀请别人吃午餐的习惯——你必须在下厨的每件事上展示你的心思和技巧。

你整个周末都在做准备。我丈夫不知道的是，可能就是有一个女人不会按照法国的标准做饭，他要过一段时间后才能认识到这一点，所以每当有客人要来的时候，我就会陷入恐慌。有一段时间我不邀请别人来家里吃饭，这让我多了一点自信。我觉得自己在英国做得很棒的菜（如汤和砂锅菜），按法国标准都太不起眼了。他会说："不，这个上不了桌。"在法国，你必须学会如何正确烹饪，如何烹饪不同种类的肉，如何用不同的香料制作像"七小时羔羊肉"这样的菜肴。肉太柴、没煮熟、不好吃都是不可原谅的。我能做的菜肴种类仍然有限，只能做一些简单的菜品，如炉烤生肋骨，但我可以做得很好吃，很受欢迎。

通过一小步一小步的努力，我越来越有信心。这就是学会自信的方法。正所谓欲速则不达，积少则成多。我不相信奇迹。我不相信在30天内就能发生这样或那样的改变。

如果有一个案例研究能说明我们可以学会自信的话，那就是博尼威尔自己，这不是因为她管理好了国际性的工作日程，也不是因为她和第二任丈夫生了五个孩子，而是因为她承认自己在学习如何为法国人做饭时哭过。从她的描述中我们可以看出，她做这件事的方式就像是完成一个项目，慢条斯理地一步一步来。作为一名心理学家，博尼威尔当然知道业绩表现是自我效能的首要来源，所占比例高达70%。我们应该都能认识到其重要性。如果我们想要掌握一些新东西（或者一些让我们头疼的旧东西），那我们就需要通过一些小小的成功来实现最终的成功。如果你想从一个沙发"土豆"变成超级健美的型男型女，那就需要一周一周地提升你的健美程度。与其把注意力集中在"自信"这一抽象概念上，不如确定并专注于你需要培养和获得的技能。

自信可以通过切实可行的方法获得

演员不用特意训练自信。任何演出训练（表演、舞蹈、音乐）都包括学习一套技巧，掌握这样的技巧并将其结合起来，能为表演者打下坚实的基础。这能给他们带来自信，并且保持和发展这些技能也可以维持他们的自信。实用技能才是重要的基础。同样，对于"表演"场合（如商业演示、演讲或管理团队）中的非表演人员，也可以用实

> 自信其实就在那里——你只需要把它释放出来。
>
> 帕齐·罗登堡

用的方法来培养自信。如果在任何缺乏自信的情况下，你都能找到一些实用的东西来学习，你就会发现，学习之后你会更自信。

> **帕齐·罗登堡谈培养自信**
>
> 有些人知识渊博，但很害羞。你必须教他们，让他们能畅所欲言，因为他们确实有这方面的知识。这样的做法非常简单、实用。这种教导可以落实到与身体相关的一些简单的事情上，如展示呼吸和声音之间的联系。这是要让身体平静下来，气脉贯通起来，呼吸变得低沉，让声音和人的精神状态因此而变得有力量。所有这些都是可以学习掌握的。当然，只对别人说"挺起胸膛，充满自信"是不够的，是空洞的。这需要练习，而且是大量的练习。

当表演教练尼基·福莱克斯向演员们展示如何应对试镜时的紧张情绪时，她展示了在试镜时表现得自信和做真实的自己之间的区别，并请工作室的演员们分析这种差异。

在前一个场景下，她的脸和身体是紧绷的，她的声音尖锐，语速很快。她泯然众人，而且给人的感觉更像是个推销员；令人惊讶的是，在后一个场景下，她仿佛打开了一扇脆弱与谦逊交织的心灵之窗，这让她变得非常有趣、迷人。她的声音不再尖锐，语速也没有那么快了，她的身体也不再那么僵硬。有趣的是，这绝对适用于任何需要自信的场合，比如工作面试、与管理层会面、在婚礼或葬礼上发表演讲、外出约会、参加社交活动等。

福莱克斯传达给演员们的信息是，自信必须首先来自他们的基本功。当他们"赋闲"或通过做其他工作来维持生计时，必须保持这些基本功。对于演员来说，这意味着要坚持声乐和身体练习，还要背台词。在试镜时，他们必须展示自己，而不是假装自信。

那么，非演员的你应该始终培养什么样的素质以避免陷入假装自信的窘境呢？既然本书讲的是真正的自信，那么重要的是要记住，要立足自我，了解自己，接受自己，培养自己需要的素质。你不能直到发表演讲的前夜，还在等待神奇的自信药丸出现；你不能指望某天早晨一醒来就能自信地摆脱一份没有出路的工作。培养与你缺乏自信的领域相关的技能，这是培养自信这一技能的关键。

动机是你与自信之间的黏合剂

缺乏自信的人不可避免地会充满自我怀疑，而这种怀疑会转化为培养自信时的无助感。然而，国际演说家兼教练道恩·布雷斯林指出了一个缺失的环节——动机。她说，动机发挥的是黏合剂的作用："这就像政客们在说教育很重要时，忽略了这一点：不能只是让孩子们想要学习。怎么把他们和学习联系起来呢？"

这里的重点是，我们首先需要弄清楚什么能让我们兴奋，这样我们就有动力去发展出自信。仅仅想在一个特定领域保持自信是不够的，你需要弄清楚自己的动机。如果你觉得自己在集体场合完

自信如约而至：寻找超越自卑的内在力量

全没有希望，根本想不起该说什么，担心其他人都超级聪明，那么你在这里的动机是什么呢？是为了被人接受，为了成为群体中的一员，为了引起注意、得到认可，还是为了让老板觉得你很有趣？假设你的动机是放松——那你的方法可能需要改变。也许你需要做的就是鼓起勇气提问，这样你就能成为群体中的倾听者，成为人们真正想要交谈的人。

在任何一个特定阶段，你都需要记住自己以前做过什么。就算你在约会时非常害羞，但你能不能记起小时候与小朋友们一起玩耍的情景？如果你能和其他小朋友玩耍和交流，那你就能"记住"如何和成年人交流，并且感觉更舒服。现在仅仅是一个特定的环境或局面不适合你，并不意味着你就是那样的人。

> 你的自信肌肉只需要再到健身房里练练就行了。是我们目前的认知或者不愉快的经历让我们觉得自信消失了。
>
> **道恩·布雷斯林**

自信专家安妮·阿什当认为，将缺乏自信转变为自信的最大问题是低自信所带来的耻辱的标签。她强调了这样一个事实：尽管人们往往会把一本书名中包含"自信"二字的书藏起来，但还是会有很多名人公开聘用自信教练。阿什当强调，这里需要说清楚的是，这些名人是在说"我想变得更好"，而不是"我现在有问题"。

有很多人在某一个领域充满自信并且取得了成功，他们还想在另一个领域发展出自信，并将其视为进行中的个人成长的一部分。如果你能把培养自信看作将自信扩展到你的生活的其他方面，就能使这个过程变得容易很多。你还需要不断提醒自己,自信的人总是会努力多取得一些成就的。自信的人总能发现他们可以改进、改变的地方,以及可以学习的新东西。

行动改变你大脑的生化反应

想自信不会让你变得更自信,能让你更自信的是迈出一小步,取得小的成就,慢慢地掌握一些新东西,不管是做饭、跑步还是开车。你可能已经在某处读到过这句话:大脑是可塑的。这证明了我们是可以改变的,但我敢打赌你肯定想知道这到底意味着什么,以及它到底能被如何应用于让你提升自信心。这当然不意味着你可以"认为自己自信",它关系着大脑对行动的反应方式——那些你将要采取的小行动。

这一切都要追溯到神经心理学家唐纳德·赫布(Donald Hebb)在50年前发现的大脑的学习过程。后来,神经生物学家卡拉·沙茨(Carla Shatz)对他的理论进行了总结,提出了"一起放电的神经元连接在一起"这一说法。这个说法从广义上来讲就是,每当我们思考/做某事时,它就会根植于我们的大脑中。神经科学家一直在完善我们对这一过程的理解。

娜塔莎·布尔迪欧博士谈改变习惯

大脑的可塑性表明，所有的行为都可以改变。通过重复一种行为而不断激活一个特定的网络，会导致该网络成为默认网络。即使是最轻微的刺激，也会引发沿着这个网络的冲动，导致几乎自动的行为。这就是习惯形成的神经心理学原理。

因此，改变一个习惯需要形成新的神经连接。这包括有意识地思考新行为的结果，并且训练自己去完成指定的任务。通过不断的重复，这种新的行为网络形成并成为默认设置，从而促使新的行为几乎自动发生。

这里的关键是物理行为形成了神经通路。仅仅是思考某件事并不总能激活参与身体活动的大脑运动中心。为了改变一个习惯，一个人必须做出新的想要做的行为。这可能是职业运动员会以一种近乎仪式化的方式进行训练的原因。

强化一个（新）习惯，关乎一致性、频率和重复。当通过有意识地改变自己的行为来实现掌控时，你就会感到有希望，也能学到更富有成效的技能。

就以驾驶为例。你的大脑能学会自动地把往点火开关插车钥匙与一系列自动的动作、想法联系起来。当你买了一辆新车或在国外租车开，在你习惯新车之前，开车上路是让你备感凌乱的体验。再例如，你决定开始健身。然而，每当结束一天糟糕的工作回家后，你都感到精疲力竭，觉得自己没有信心，于是就会坐在电视机前开瓶酒喝。那些未开封的健身装备你连碰都没碰过，这会让你产生不好的感觉，而喝瓶酒和看电视会成为你的新习惯。既然如此，那我们该如何开始养成一个新习惯呢？

回到日常生活中，这意味着首先要告诉自己，周一和周三下班后要和同事或朋友一起去健身房，而不是去酒吧。周二和周日晚上，在看完新闻后你要准备好健身装备，一边洗澡一边听音乐。你和你的朋友要走到健身房去，一起聊八卦，开怀大笑。等回到家，再吃一顿健康的晚餐。最终这将成为你例行公事的习惯。

新习惯越难，就越是难以养成。对任务进行分析并非简单的事情，因为还有更多的因素需要分析考虑，如愿望和阻力，它们可能会激励我们，也可能成为我们的障碍。例如，在早餐的粥中加入浆果，与在一段长期恋爱关系告吹后，重拾信心开始在线约会完全不同。再例如，养成在午餐时间去公园散步、呼吸新鲜空气的习惯，与在口吃的情况下培养自己对演讲的自信也不一样。如果你喜欢浆果，那你花三天时间就能把它们预备好，放入你的粥里；如果你处在一个人人如醉如痴伏案工作的环境中，那你可能要花上 13 天时间才能养成每天去公园散步的习惯；如果你的梦想是写一部畅销的惊悚小说，那你可能需要 30 天（对于这个数字，大家莫衷一是）才能养成每天在通勤时间写作的习惯。不过，既然自信如此复杂，那么我们还能给变得自信这件事情设定一个时间表吗？

一旦认识到大脑是可塑的、行动可以帮助我们形成新的习惯，你就会发现你的方法改变了。如果你的消极习惯让你更缺乏自信，那么这种习惯持续的时间越长，就越难改变。但你也不要为此而焦虑或自责——你只需稍稍改变一下消极的日常习惯就会产生积极影响，而且这些细微的改变会累积起来。如果每次在大庭广众的场合你都习惯于躲在角落里，并且一有机会就溜出去，始终当一个隐形人，那么你只要挪到前面的座位，并且比平时稍晚一点离开，情况就会有所不同。采取行动来打破一种模式是一个积极的过程。

我们当然希望你也决定采取积极的行动：去掌握一些新的、令人兴奋的东西。知道改变在科学上是可能的，会激励你去实施那些能对你的大脑进行重新设置的小行动。

真正的人

即将30岁的百货公司时尚采购员路易莎正经历着一场对工作和人生的信心危机。"当时我为一位设计师工作，但我觉得自己并没有融入这个时尚界。我的脚有点小问题，走路姿势有点滑稽，所以我不算是那种优雅、细挑的女孩。我试着去上萨尔萨舞蹈课，因为我对跳舞有一种憧憬。当有个家伙叫我不要像铅块一样跟在他后面，后来还模仿我走路的样子时，我崩溃了。"

当一个多年未见的朋友邀请路易莎去参加她30岁生日派

对时，她差点就拒绝了，因为派对上有一个跳林迪舞的节目。"我一直想跳舞，问题是因为自己走路的样子，所以一直没有自信。但由于我在时尚界工作，而且我通常接触到的人不是当小三的女人，就是同性恋的男人，所以我向自己保证，对任何来自时尚界外的邀请我都会欣然接受。不知道是不是因为鸡尾酒的原因，那天晚上我根本就没在乎自己的舞姿是否难看。"

自这个派对之后，路易莎每周都要去上几次林迪舞课，而且她所有的假期都变成了舞蹈课假期。"自信不自信的也没什么关系，因为我很想做这件事，我找到了鼓励我的老师，还有很多和我一样的人，我们互相帮助，成了很好的朋友。人们现在评论说我跳舞时很自信，但他们不知道我在这个爱好上投入了多少精力。这是值得的，因为我的生活改变了，我找到了换工作需要的自信。"

....

无论从哪个角度来看，都有足够的证据表明，自信是一种可以培养的技能——如果我们把注意力集中在需要培养的技能上。我们不赞成"快速改变低自信状态"的承诺，我们也不太喜欢"快速改变"这个词，因为它暗示你有问题。

依据心理学理论，我们知道改变需要的时间取决于我们所处的位置以及我们想要改变什么。因此，我们需要关注的是如何变得有能力并不断积累我们的成就。我们所知的那些教练，无论是表演教练还是生活教练，都能成功地帮助人们实现改变，而这些改变无一不是建立在培养实际技能的基础之上的。科学告诉我们，我们的大脑不是固定不变的，改变是有可能的。我们希望这是一个让你安心的消息，因为我们将继续讨论不同类型的自信，以及你渴望拥有哪种类型的自信。

> **问问你自己**
>
> + 你最想在生活的哪个方面培养自信？
> + 当下你正在学习做什么？
> + 你真正需要面对的是缺乏自信，还是抗拒改变？
> + 你是缺乏自信，还是墨守成规？
> + 如果你可以将缺乏自信重新定义为墨守成规，那么你该如何解决这个问题呢？你能改变你的日常习惯以帮助自己培养自信吗？
> + 你现在可以报什么课程？

Real Confidence
Stop Feeling Small
and Start Being Brave

第8章

你渴望哪种类型的自信

如果我们一开始就问你这个问题,你可能会感到困惑,可能会这样回答:"只要是自信就行。"至此,我们想让你明白的是,真正的自信是一种心态:

- 它是由内而外的;
- 它是真实无欺的;
- 在感到平静的同时,又感到激动;
- 最重要的是忠于你的本性,以及所有的希望和梦想。

在本书第一部分中,我们考察了你有多自信;在第二部分中,我们帮你分析了缺乏自信的原因;在第三部分中,我们向你展示了如何学会自信。在第7章,我们首先向你解释了自信是一种可以习得的技能;然后,我们为你提供了许多增强自信的方法,运用这些简单的日常技巧,你无须做任何根本的改变就能增强自信。我们希望现在你已经感觉更加积极了，你的自信也开始显现了。

我们想要向你提出这样一个问题：你渴望拥有什么样的自信？我们想帮你确认，你是否清楚真正的自信对你来说意味着什么。缺乏自信带来的一个问题是，无法判断别人是否自信。正如严重的经济问题会让人们觉得成为千万富翁会带来幸福一样，长期缺乏自信也是如此。也许你嫉妒别人充沛的自信，所以不断拿自己与他人做比较。或者你有一个表面很自信的兄弟姐妹或密友，但是你觉得他们总是拿自己与你做比较。

通过考察不同国家和不同文化环境下人们的自信水平，以及分析不同类型的自信，你会更深刻地了解到，世人并没有被划分为自信（有自信）的人和像你一样自认为没有自信的人。当你开始观察自信的时候，你会发现自信不只是黑色和白色，而且混杂着各种颜色和色调。这会让你更清楚地知道，真正的自信到底有多适合你。

向社交媒体上那些真正能激励你的人学习

令人惊讶的是，2008年的一项研究发现，那些追随名人的自尊心较低的人自我感觉更好。这些"准社会关系"可以产生有益的效果，因为这能帮助人们感觉更接近他们的理想自我。记住这项研究，想想你最喜欢的那些名人会如何反映你的理想自我。搜索一些名人（比如你最喜欢的作家或喜

> 剧演员）——他们不具备中规中矩的好莱坞完美形象，也不兜售完美的生活方式。这些人中有没有人能带给你灵感，激发你的思维，使你可以利用社交媒体为自己的心灵赋能？追随那些有见地的公众人物，他们为建设更好的社会和世界而战，也会提供许多鼓舞人心的名言，还会以一种真实的方式分享他们自己的经历，这样的人能帮助你成为理想中真实的自己。他们是很好的榜样，当你心情不好的时候，他们可以让你的生活重回正轨。

世界各地的人对自信的看法

一个理解自信的有趣方法是，跟随自己旅行的足迹，对其进行探究。这会使对人的观察变得更加有趣。若你去世界上任何一个大城市，那里都有同样的智能手机、时尚品牌和咖啡连锁店。我们随处能看 HBO 电影频道和斯堪的纳维亚的电视剧，阅读《赫芬顿邮报》(Huffington Post)，讨论苹果手机和个人电脑。然而，世界各地的人们对自信的看法有何不同呢？你生活的地方会如何影响你对自信的看法？了解其他文化可以帮助你更深层次地理解自信。它影响着你选择对什么样的自信产生渴望。

学术研究通常不考虑文化差异，这让心理学家托马斯·查莫

> 很多研究是在美国进行的，也适用于美国人。所以我们不能把所有发现都看成绝对的、普遍的。
>
> **伊洛娜·博尼威尔**

罗-普雷姆兹克博士和伊洛娜·博尼威尔博士等国际专家的研究变得更加有趣和有价值。鉴于在心理特征上存在着文化差异，所以针对自信最重要的研究要么是国际性的，要么就是基于我们自己的文化的。博尼威尔指出，亚洲国家在有关自尊研究方面的得分低于盎格鲁-撒克逊人，因为亚洲国家不能接受只关注自己。同样，俄罗斯人在有关幸福的研究中比英国人或美国人得分更低，因为吹嘘自己幸福是不被社会接受的。

无论在什么情况下，我们从学术研究中都只能学到有限的东西。在培养自信的过程中，我们自己的观察也很重要。即使对于心理学家来说，他们自己的经验和观察也会对其研究产生启发。

作为1998年移民到英国的阿根廷人，查莫罗-普雷姆兹克在过去的15年里一直在美国和英国生活，他敏锐地意识到在自信方面存在的文化差异。事实上，他对自信的迷恋始于他的祖国，因为他意识到国家的过度自信与阿根廷政府和经济的现状不符。这导致他心中出现了一个大疑问：没有真正的能力，自信又有什么意义呢？

在英国，查莫罗-普雷姆兹克发现了一种更为复杂的自嘲和假装谦虚的文化。而在美国，他发现了一种基于自信的态度，这种态度很容易达到，但很少强调对发展能力的培养，这是"反智的、具有误导性的"。

他发现地中海人过于自信,而北欧人更注重能力。在他看来,文化上最吸引他的是东北亚人,他们不仅自信有度,而且在文化上更倾向于谦逊。他说,在亚洲,人们认为你应该比实际上更谦逊。"面对赞美,你几乎会感到尴尬,而且更听得进负面的反馈。"

从 20 岁开始在英国生活了 15 年之后,博尼威尔移居法国,这对她来说是一件非常有趣的事情。在英国,人们在当下追求自信;而在法国,人们有一种表面上的自信。她解释说,法国的教育体系过于挑剔,因此无法使人们培养出一种真正的自信。当你下次去巴黎的时候,一定要记住这一点。巴黎人的这种冷淡是自信、傲慢甚至粗鲁吗?

在拉脱维亚和俄罗斯长大的经历,意味着博尼威尔体会过日耳曼－北欧式的温和自信,尽管她在苏联解体

> 问题是,我们正在努力追求什么样的自信?
>
> **伊洛娜·博尼威尔**

后离开了俄罗斯,当时高度的外向性自信成为新的常态。"这里的文化是竞争性的,你需要不断显示自己的重要性。"她说道。

好的自信,还是终极自信

观察和讨论文化对自信的态度,对于出现的问题和相关讨论是有启发的。博尼威尔将北欧国家作为"好"自信的例子,并以她最近在那里任教的冰岛为例,称冰岛文化中充满着非凡的自信。"这

是一种全方位'好'的自信。这里随处可见充满自信的女人。她们看起来平静而专注,对自己的身材和衣服很满意,不会刻意让自己看起来很性感。他们在工作和家庭之间保持着惊人的平衡,因为大多数人都会在下午四点结束工作,男人和女人平等地分担照顾孩子的责任。在这个国家和文化中有一种自豪感。这不是一种炫耀的自信,而是一种深厚的自信。"

娜塔莎·布尔迪欧博士谈终极自信的风险

如果你是一个工作狂,想知道为什么你投入工作的时间没有相应地提升你的自尊,这可能是因为你对自信的想法是极端的,你为了获得终极自信而放弃了太多的自我。布尔迪欧说日本武士展现出终极自信,因为他们被训练成"要么战斗,要么死亡"的死士,换句话说,他们是如此自信以至于接受了死亡。作为生理学专家,布尔迪欧解释说,接受任何情况都会对身体和精神产生影响。"你会在一种放松的状态下投入战斗——不管这是隐喻性的战斗还是真正的战斗。你会去面对需要面对的一切。你会拼尽全力。"

但这也可能带来负面影响,比如包括高自杀率在内的对现代日本社会的冲击。"从文化上讲,'要么全身心投入,要么去死'的心态一直存在于时代精神中,"布尔迪欧说,"这种自信变成了'如果我不能成功地献出我的全部,那我就不值得活下去了。'"

第 8 章　你渴望哪种类型的自信

缺乏任何东西往往都会导致产生一种用盈余填补亏欠的幻想。就像缺少金钱或时间就会让人幻想自己中了彩票或者永远不用去上班，缺乏自信可能会让你过度自信。如果你觉得过度自信是一种不健康的终极自信（事实是你把自己逼得太紧了），那么这种自信就不会滋养你。与之相对的是，好的自信不仅更容易实现，而且还是可持续的。真实的自信能与所有人相得益彰。要记住，自信是建立在了解自己的基础之上的，有时这意味着你要认识到有些事情你不知道如何去做，或做起来不舒服。与其将自己逼到山穷水尽的地步，不如寻求平衡。

过度自信应该被赞赏吗

当你开始观察和分析自信时，你将不可避免地开始质疑那些过度自信的人。你可能会佩服你的同事，他在任何情况下都敢虚张声势，甚至当工作中出现了重大失误时也能蒙混过关；但如果有人在掩盖自己的无能，那么其自信从何而来呢？你可能会想："如果过度自信有好处，那又有什么不可以呢？"你是对的，它确实会有回报。2011 年，爱丁堡大学（University of Edinburgh）和加州大学圣地亚哥分校（University of California, San Diego）所做的一项研究表明，在高风险情况下，过度自信会带来回报。然而，它也可能适得其反，作者们援引 2008 年金融危机和 2003 年伊拉克战争作为例证。

当然，这些重大的国际事件似乎与日常生活相去甚远。那么由过度自信统治的社交媒体又如何呢？虽然对互联网和社交媒体的研

141

自信如约而至：寻找超越自卑的内在力量

> 过度自信就是傲慢。傲慢是不得当的自信，其中包含自我膨胀，以及对个人价值和能力的不当评价。
>
> **安妮·阿什当**

究仍然是一个新领域，但如果你在虚拟世界中感到不舒服，那么下面这些新发现会让你感到欣慰。伦敦布鲁内尔大学（Brunel University）的心理学家在 2015 年所做的一项研究发现，自恋程度高的 Facebook 用户更新状态的频率更高，他们的动机是需要受到关注和认可。研究还发现，自卑的人会更频繁地更新自己伴侣的信息。

2011 年发表在《网络心理学、行为与社交网络》（Cyberpsychology, Behavior and Social Networking）杂志上的一项研究发现，把自我价值建立在外表上的女性在社交媒体上分享的照片更多，社交网络也更大。这一结果并不令人惊讶，但对于那些对自己的外表缺乏自信的人来说，确认上述行为是出于对被关注的需要，而不是内在自信的表现，可能会让他们感到安心一些。这可能是一种基于外表的过度自信的表现，但由于它不是内在的，有些人可能无法将其识别为"真正的"自信。研究结果中的一个有趣的细节是，那些把自我价值建立在学术能力、家庭的爱和支持，以及做一个好人基础上的参与者，花在网上的时间更少。

我们都至少认识一个这样的人，其 Facebook 或 Twitter 的主页上获得的"点赞""粉丝""被分享"和"被喜爱"的数量，能提升其自信。美国匹兹堡大学（University of Pittsburgh）和哥伦比亚商学院（Columbia Business School）的研究人员于 2013 年在《消费者研究杂志》(*Journal of Consumer Research*)上撰文,警告人们不要根据自己在 Facebook 上收获的"点赞"和正面评论的数量来行事。该研究发现,由社交媒体所助长的自尊会导致信用卡债务、过量饮酒和摄入糖分,以及其他不良自我控制行为。

你可能认为过度自信的人会得到社会的赞赏,然而我们会告诉你,这是一种消极的观念。但不幸的是,确实如此,而且这是有科学依据的。2012 年,纳瓦拉大学 IESE 商学院(IESE Business School, University of Navarra)发表在《人格与社会心理学杂志》(*Journal of Personality and Social Psychology*)上的一项研究证实,过度自信有助于人们获得社会地位。能力不强但过度自信的人会得到提拔,并因获得了更高的地位和威望而受到人们的钦佩。该项研究的作者警告说,组织不应该关注来自自我评估的自信,而应该评估能力。该研究中另一个关键但令人沮丧的细节是,团队成员并不会认为地位高的同伴是过于自信了,而会认为他们真的非常棒。

到目前为止,很显然,过度自信并不可取,也不具有吸引力。我们希望你能开始识别出那些过度自信的人,并问问自己:他们过度自信的结果是什么?他们的过度自信对他人有什么影响?渴望拥有这种自信对你没有任何帮助。在任何情况下,你都不太可能达到这种本质上是傲慢的过度自信(你正在阅读这本书的事实说明你的情商能够帮助你自我发展,所以我们知道你并不傲慢)。

自恋并非自信

虽然我们更注重基于掌握新情况并据此采取行动来建立自信，但自信的一个因素确实来自我们如何看待和评估自己。从表面看，自尊就是指我们对自己的感觉有多积极，只不过它更复杂。

对自尊的经典定义是 1890 年由心理学的启蒙导师之一、哲学家和心理学家威廉·詹姆斯（William James）给出的。他相信这是我们成功和目标之间的比例。值得注意的是，对詹姆斯来说，成功就是我们对实现这些目标的看法。

心理学家现在将自尊分为真实自尊和防御性自尊、积极自尊和消极自尊、有能力的自尊和无能力的自尊、有价值的自尊和无价值的自尊。2008 年，佐治亚大学（University of Georgia）的迈克尔·克尼斯（Michael Kernis）所进行的一项研究发现了安全的自尊和脆弱的自尊之间的进一步区别。有着脆弱的高自尊的人可能会给人一种具有侵略性和防御性以及不讨喜的印象。

缺乏能力基础的自尊可能是防御性的、自恋的。这样的自尊不好。因为它是膨胀的、不稳定的，会让其他人感到不愉快。

伊洛娜·博尼威尔

查莫罗-普雷姆兹克在其所著的《自信：关于你需要多少自信以及如何获得自信的惊人真相》一书中引用了几项研究，证明了自恋和过度自信之间的相关性。不列颠哥伦比亚大学（University of British Columbia）的德特罗伊·保罗豪斯（Detroy Paulhaus）进行了一项

关于自我欺骗的研究，该研究对匿名被试进行了一次自我报告的常识测试，在测试中，被试必须陈述他们对各种话题的了解程度。研究人员还评估了被试的自恋程度以及他们如何展示与自己有关的信息。结果表明，那些声称自己知道得更多但实际上并非如此的人更自恋。从以低自信者为标准的角度去观察，人们可能会想当然地认为，那些过度自信的人是在厚颜无耻地对周围人撒谎，而事实上，所有研究都表明，他们其实是在欺骗自己。

> **成为一个好的自信判断者**
>
> 成为一个好的自信判断者能帮助你更宽和地对待自己。这样你就能专注于自己的能力和喜欢做的事情。当下次有人告诉你他们擅长某件事时，问问自己如何才能确定这一点。那些声称自己擅长技术，但对你提出的技术问题却回答不出来的朋友，还能自信地宣称自己有自信吗？开始去关注你周围那些做着自己喜欢的事情的人，例如：那位喜欢烘焙面包的朋友；那位全天候在线的朋友；那位总能设法解决那些恼人的技术问题的同事；那位能有效地投诉市政厅的邻居。他们显然很有见地，但不要给他们贴上"了不起"或"很自信"的标签。

托马斯·查莫罗－普雷姆兹克博士谈如何应对过度自信

作为一名阿根廷人,查莫罗－普雷姆兹克对这一课题拥有超越学术的兴趣。1998年,当他的国家经济崩溃时,他经历了由个人和集体的过度自信所导致的自我毁灭。如果过度自信会导致自我毁灭,这是否意味着过度自信的人会改变他们的方式呢?

"当你已经习惯成功,你就更难接受失败了。但下面这一点仍然成立:健全的、适合的反应就是对现实进行审查,并降低你的自信程度。例如,在金融危机中,一些人会认识到,他们实际上并没那么富有,要接受现实,并重新白手起家(就像日本人和德国人在第二次世界大战战败后所做的那样)。另一些人则可能会感到迷惑,或者会责怪别人,这意味着他们更自信了,但能力也更差了。"他说道。

当谈及公开演讲和做自我介绍时,查莫罗－普雷姆兹克承认自己过去就是过度自信。在他职业生涯早期,当他觉得让学生开心、让自己受欢迎更重要时,就会在演讲中即兴发挥。作为一个有自觉意识的人,他逐渐开始改变,因为他想做一个真正能干事的人。"会有两种情况出现,一种是观众知道你在说废话,另一种是天真的观众会上了你这个迷人的江湖骗子的当。"他说道。

过度自信会阻碍人们成为最好的自己,因为他们没有

第8章 你渴望哪种类型的自信

动力去获得真正的能力。

"他们会觉得自己很棒。与之相对的是，低自信的人有各种动机去缩小他们的理想自我（他们想成为的那个人）和他们感知到的真实自我（他们认为自己就是的那个人）之间的差距。"他说道。

娜塔莎·布尔迪欧博士谈过度自信的压力

过度自信的全部问题在于，一个人一旦侥幸成事，再次侥幸成事，就会形成一种定式。这就是为什么说理性的宽容尽管是个善举，但也会让人们侥幸逃脱那些有害行为的惩罚，这样他们就会故伎重演。当自信建立在侥幸成事这一定式之上，人们就会总是害怕露馅。过度自信的人会经历严重的心率加快、高度紧张和压力。这往往是一个螺旋式变差的过程。他们需要不断向上的感觉，却没有意识到身体正在表达焦虑。这就是你会看到很多名人都陷在下降螺旋里的原因。自信是需要滋养的。然而，他们往往不注意自己身体内部的变化。他们是如何应对出名带来的压力的呢？用酗酒、吸毒来麻痹感官。很多人过量使用处方药，因此他们的过度敏感状态也可能变成慢性疼痛。

真正的人

在一个为儿子的学校组织慈善活动的组委会里，洛兰发现自己经常被一位"美味妈妈"搞得心烦意乱。而那段时间正是她感觉非常沮丧的时期。"我在各个层面都对自己失去了信心。我外表看起来比 42 岁的实际年龄老 10 岁，内心更感觉自己已经 102 岁了。我发现很难应付我的两个（非常淘气的）儿子，而且因为无法找到可以锻炼脑子的兼职工作，脑子也不灵光了，这让人感到很沮丧。而这位'美味妈妈'却不断向我们展示她的'凯茜·琦丝敦'（摩登复古风格的英国著名品牌）式的完美生活，每天都要在 Facebook 上发几次自拍照。当我一天中有两次在学校门口遇到她时，就会感到某种痛苦。当我们开组委会会议时，她会不停地说废话，而我虽然曾在一家慈善机构做过筹集资金的事情，却一个字也说不出来。我丈夫不明白我为什么会落到如此境地。"洛兰诉说道。

最难过的是，洛兰还得紧张面对组委会成员们彻头彻尾的谎言，说她没有履行自己的职责，同时他们还试图把责任推到她身上。

她说："我认为这是在针对我。我觉得她一定认为我很笨，或者对她很敬畏。与她对着干是不可能的。她指责任何有微词的人是在嫉妒她的长相、身材、家庭、生活方式和感情关系。

我想我一定是嫉妒了，因为我缺乏自信。我从没想过她这是在欺骗自己，直到发生了一件小事。她声称没有收到我发出的一份重要邮件，但她实际上已经回复了，并抄送给了组委会的所有成员。这真是非常有趣。我觉得自己真的很愚蠢，为此难过了这么久。"

当我们开始思考不同类型的自信，很快就会变得过度自信和自恋起来。通过在旅途中对人们进行观察，你可以获得一些关于自信的有趣的文化例证，这可以提示你该如何培养自信。也许你那位住在地球另一端的谦逊的向导，能够通过冷静地应对危险动物来启发你；也许那个身着设计师品牌服装的巴黎人，自己说着蹩脚英语，却来纠正你的法语，放到现在可能会让你发笑。

正如我们在本章中所看到的，有大量的国际性学术研究表明，过度自信意味着能力不足。欣赏那些过度自信的人会损害你的自信心，因为你忽视了自己的能力，而欣赏不胜任的人也会让别人（比如你的雇主）忽视你的技能。因为自己的能力被忽视，所以你会陷入一个难以从自己的内在找到自信的循环中。我们生活在一个自恋的社会中，这对你没有助益，所以知道如何回应自恋者是很重要的。既然你已经意识到自恋并非自信，那么对于那些想要靠着像你这样的人的赞美来印证自己杰出的人，我们希望你不要去赞美和回应他们。这不仅会削弱你的自信，而且他们还是不健康的自信榜样，对我们的社会也是有害的。

REAL CONFIDENCE
Stop Feeling Small and Start Being Brave
自信如约而至：寻找超越自卑的内在力量

我们希望，你想要培养的那种自信，是建立在将自己的能力发挥到极致的良好感觉的基础之上的。自信并不意味着必须大声炫耀，所以，不管你曾因自己不善大声炫耀而有过什么样的内心纠结，现在你总归知道了，自信也可以是安静的。

问问你自己

+ 你能分清真正的自信和虚张声势吗？
+ 当你把一个自信的自己形象化，内心的感受如何，会给他人留下什么样的印象？
+ 你认识的哪个人体现了你所渴望的那种类型的自信？为什么？
+ 你认识的哪个人声称自己很自信，但实际上能力不济？
+ 哪位名人或者公众人物体现了你想要培养的那种自信？

Real Confidence
Stop Feeling Small
and Start Being Brave

第 9 章

培养自信的 15 个习惯

当你把自信看作每天都应为之努力的事情，而不是一个抽象的目标，就会意识到自己的态度发生了很大变化，从而将注意力转移到过程上。我们相信，养成一系列习惯是建立真正自信的关键。如果你等到需要自信的时候才去练习你学过的东西，那就太晚了。在本章中，你将学到，那些看似与自信毫无关系的习惯，是如何帮助你有条不紊地培养自信的。

以下将介绍 15 个习惯，我们建议你以自己的方式来养成，一旦某个习惯已经成了你不假思索的第二天性，就可以开始培养下一个习惯。有些习惯可能毫不费力就能养成，而另一些则需要更多的自觉意识，但你也不必勉为其难。如果你发现其中一个习惯对你来说特别难以养成，那就绕过去培养下一个习惯，等下一个习惯养成再回头搞定上一个。你养成的有助于建立自信的习惯越多，你养成新习惯的速度就越快。

自信如约而至：寻找超越自卑的内在力量

评估你自己

不要在缺乏信心的迷茫中徘徊，先来做一次盘点。忘了需要自信这回事吧，想想你想要和 / 或需要做的究竟是什么。每当你摇摆不定、感觉自己就要陷入"我绝望了，我做不到"的境地时，先停下来，把自己从这种情绪中分离出来，分析你现在的处境，你需要到哪里去，你需要学习什么。要持续地评估自己。记住：这并不是要你苛求自己，而是简单地识别你需要学习什么。你是不是想自己创业以摆脱给别人打工之苦，但又觉得这似乎不可能？评估你需要实现的目标，以及你需要靠什么实现这个目标——要持续地评估。你需要学习会计课程吗？你需要省下点钱，以备不时之需吗？你需要通过节流来为自己的想法投资吗？你需要和那些能帮到你的人建立关系网吗？托马斯·查莫罗 - 普雷姆兹克说："实现这些目标必须体现为你在对自己重要的事情上的能力得到提升了。首先要对自己进行准确的评估，问问自己在这个问题上自己需要付出多少努力。"

坚持学习

> 人们有这样一种偏见：自信是一个通用品。其实，为了提升自信，还是瞄准具体目标发力更容易一些。
>
> **托马斯·查莫罗 - 普雷姆兹克**

如果你坚持学习做某件事情，那你就是在锻炼一个有"六块腹肌"的自信大脑。不管想要在哪方面变得自信，你的任何学习都会产生一种增强自信的连带效应。例如，不要纠结于在工作中缺乏自信，去参加除工作之外的任何你感兴趣的课程吧。追求激情并全身心地投入学习会让你更快乐，你的自信也会在工作中迸发出来。

让我们来看 2012 年墨尔本大学（University of Melbourne）所做的一项研究，该研究得出的结论是，自信和工作上的成功之间有着很强的相关性。当然，一看到这个结论，我们就会明白这是显而易见的事情：那些从入学早期开始直到整个受教育阶段都表现出高度自信的人更容易成功。尽管媒体把这当作"假装自信就能真的自信"这一说法的理由，但实际上，这项研究真正强调的是完全不同的事情：教育为自信提供了坚实的基础。

作为成年人，不管我们已经在学术上取得了怎样的成绩，都没有什么能阻止我们聚焦于自己需要集中精力学习的特定领域。既然是能力带来了自信，那么提高自信最重要的一个习惯就应该是学习。比如，如果你确信学习新技术对你的工作有帮助，那么你就可以去成人教育中心或网上学习相关课程。

培养自己的意志力

你可能会奇怪，你认识的某个人虽然缺乏自信，但总能以某种方式实现他们的目标。为什么会如此？答案

> 从根本上说，意志力胜过一切：如果你很想要某样东西，你就会努力去得到它，不管你如何评价自己的技能。
>
> **托马斯·查莫罗-普雷姆兹克**

就是意志力。与其把注意力集中在缺乏自信上，不如把你的想法转移到你多想做某件事、你为什么想要做到，以及当你做到了会发生什么这三个问题上。一旦你把注意力集中在意志力上，就会发现阻碍你前进的是什么。假设你对跑步没有信心，但又真心想要参加一场马拉松长跑，想为慈善机构筹集资金，以帮助你所爱的人战胜可怕的疾病，那就专注于你的动机，它会给你意志力，让你能够起步开跑，这样慢慢跑下去就能完成马拉松了。

讨论自己那些积极向上的经历

> 人们总是把注意力放在失败而不是成功上。既然成功是构建自信的基石，那么讨论成功和理解所发生的事情就是重要的。
>
> **伊洛娜·博尼威尔**

你是不是花了更多的时间谈论你是如何把事情搞砸的，以及那些你做不好的事情？从现在开始，把这当成一个坏习惯，要转而去谈论那些你哪怕是取得了微不足道成就的事情，任何事情都行。与其一遍又一遍地重复你在生活的某个方面或每一个方面有多糟糕，不如谈论一下那些你通过尝试和努力取得小的进步的过程，这是一个能帮你取得更大进步的习惯。伊洛娜·博尼威尔博士提到了一项名为"积极的建设性回应"的心理学研究，简言之，就是关注我们的积极经历而非消极经历。针对这一领域的研究发现，那些总是讨论是什么让他们互相陪伴，以及他们的关系有哪些美好之处的夫妇，比那些总是谈论他们关系中的问题的夫妇，夫妻关系会更长久。把这个原则应用于你正在努力培养自信的领域，将会对你有很大的帮助。比如，你在工作面试中搞砸了，但是你也得到了很多面试机会。回顾你在每次面试中有哪些做得好的地方：也许你成功地避免了大脑一片空白的尴尬时刻；也许你成功地让自己露出了微笑；也许你还记得自己擅长什么。至少不要讨论是哪里出了问题。

弱化你那些最糟的想法

要想在生活的任何领域做到真实，都要从自我意识开始，这里我们建议你养成自我评估的习惯。做到真实就意味着要接受自己的感受。因此，如果你感觉很糟糕，你的想法很糟糕，那也没关系，因为这就是你的现实处境。不过，你不必一直在那里徘徊。为了改变这种状况，你只需养成克服那些最糟想法的习惯。比如，可以将"当我为企业做推销时，我就会彻底搞砸，然后会被炒鱿鱼"这句话弱化为"我可能做得不够出色，但老板知道这是我第一次推销，他会体谅我的"。

认知行为疗法的基础是识别想法，然后搞明白是否有证据表明这是正确的（你的老板是否告诉过你，如果你的推销演讲做得很糟糕，你就会被解雇？如果你从来没有做过推销演讲，那有什么证据能证明你讲不好呢）。

调整你的想法要比彻底改变它更容易做到。"这是关于质疑我们的思维是否正确的问题，这样我们就能得到一种解释，即我们的想法可能部分是正确的,部分是错误的,"博尼威尔说,"比如,如果你很焦虑,确实不知道未来将走向何方,所以事情可能会出错,那或许你可以持一种未来尚未可知的态度,不把结局想得那么糟。"

放下思考,付诸行动

> 行动就是担忧和困扰的解药。
>
> 尼基·福莱克斯

我们不会假装任何人的精神状态和他们的自我感觉会在几天之内甚至一夜之间改变。记住我们之前说过的,自信是波动的,会受到多重因素影响。我们知道你会有不稳定的时候,甚至会长达几天。此时你需要从自己的头脑中解脱出来。一旦意识到自己想得太多了,那就开始做事情。任何活动都能帮助你点燃自信之火。

作为一名治疗师,尼基·福莱克斯鼓励她的客户要务实一些,要摆脱内心告诉你消极事情的苛责之声。福莱克斯描述了瑜伽修行者如何做出具有挑战性的体式,因为他们很难在静坐时进行冥想:"瑜伽是一种移动的冥想。瑜伽修行者不是努力用大脑去思考什么,他们的大脑是平静的,因为他们的身体在做动作。"因此,下次当你开始担心自己的工作时,可以轻快地散个步,打扫一下房间,或者做些园艺方面的事情。

摆出好的身体姿势

2009年美国俄亥俄大学（Ohio University）的一项研究发现，工作时被要求挺直身体的人，比趴在桌子上工作的人对工作的感觉更好，而且给人的印象也更好，这并不奇怪。不过，当我们自身非常投入的时候，往往会忽略姿势这件事。然而，我们身体的活动会改变大脑中进行的化学过程，有充足的科学证据支持这一点。哈佛商学院的社会心理学家艾米·卡迪（Amy Cuddy）教授最近所做的研究有一些开创性的发现，即有力量的姿势（打开而不是关闭身体）能改变我们的激素水平，让我们对压力变得不太敏感，睾酮能量会更充沛。这不仅关系到别人如何看待我们，更重要的是关系到我们自己的感受。例如，面试前你只要花两分钟时间张开双臂（而不是蜷缩成一团坐着），就能消除紧张感，增强自信。

不要在应激情境下毫无章法地、紧张不安地尝试改变你的身体姿势，然后又觉得这样做既怪异又虚假，要养成每天都注意自己身体姿势的习惯。记住，要打开你的身体（即使在独自一人时），因为这会让你变得更自信。请记住，卡迪的发现证实了，仅仅两分钟就能改变大脑的化学反应，因此，如果你能每天练习两分钟，这就会成为一个强有力的习惯。

做到膳食均衡

似乎显而易见的是，当我们重申健康饮食的必要性时，你可能会悄悄地问，这是否真的与自信有关。你可能会意识到，虽然你是一个健康饮食者，但当你感到有压力和担忧的时候，你会喝更多的咖啡，会暴饮暴食或者忘记吃东西。事实上，这是真正需要注意营养以及养成好习惯、改掉坏习惯的时候。当你度假和感到放松、感觉良好时，多饮一些咖啡、多喝一些酒、多吃一些甜食应该不错，但当你在努力培养自信时，这些事情会让你偏离正轨，你会发现自己已经走偏了。

娜塔莎·布尔迪欧博士谈饮食健康

任何影响我们神经网络的东西都会影响我们的感觉，因为这些神经网络是信息传递到我们大脑的方式。假设某天很热，你没吃多少东西，你吃的那一点点食物里缺盐，也没有喝足够的水，那你的电解质（体内带电荷的矿物质）平衡就会出现紊乱，你的神经传导性就会降低，你也就无法激活自己的大脑。这样一来，你就会困坐在那里疑惑：为什么我会不自信？为什么我不能掌控一切？我们需要摄取均衡的饮食。没有能直接助长自信的超级食物。它是因人而异的。一些人说他们需要喝一杯咖啡来提神，而另一些人则需要避免摄入咖啡因，因为这会让他们感到紧张。关键是要知道什么对你有用。

锻炼

现在你可能会把断食和减重联系在一起，你可能会坚持说你并非健身房的常客，但如果做某些形式的锻炼——不一定非要去健身

> 锻炼有助于强化恒心，以更好地应对日常生活以及生活中出现的问题。
>
> **娜塔莎·布尔迪欧**

房——已经成为你日常生活的一部分，那么这对精神的影响将会是巨大的（当然，你的身体也会从中受益）。找到一些你喜欢的体育运动方式是很重要的事情，因为当你的身体在运动时，大脑就会释放让人感觉良好的内啡肽。你会骑自行车去上班吗？周末你会加入当地的漫步者组织吗？你觉得那个很吸引你的交际舞广告怎么样？你能把在工作中感到的无声的愤怒转化为拳击的能量吗？

锻炼不仅能让我们感觉良好，而且对我们的思维也有好处，可以强化我们的意志，使之更坚韧，这样你就可以把力量和韧性运用到你想要获得自信的特定领域。不仅仅是参加比赛的运动员才需要增强耐力。

五分钟晨练

如果这个标题是冥想（或正念），那你可能会跳过它，因为你已经试过了，但"做不到"。布尔迪欧相信，与身体重新建立联结有助于大脑找到解决问题的方法，每天早上稍微锻炼一下能让你一

整天精力充沛：

躺下来，把注意力集中在你的身体上，从扭动你的脚趾开始，向上延续，让整个身体都动上一遍，大脑清晰地意识到这一过程。你需要扭动或挪动身体的每个部位，因为这能让你将注意力集中在那个部位，从而更清晰地意识到它。当轮到头部时，如果脑海中正有想法，那就由着它。整个身体都有记忆。我们有肌肉记忆，每个细胞都有DNA，所以我们身体的每一处都有记忆，记忆不全在脑子里。感到自信就是要把你的整个身体都用起来。当整个身体都贴着地面时，你会觉得踏实，所以要把整个身体都用起来。

培养正确的呼吸习惯

这是最简单的事情，我们能不假思索地做到，然而，培养正确的呼吸习惯可以完全改变我们的心境，而不需要做其他任何事情。当我们压力重重、自我感觉不好或急于做太多事情时，随之而来的往往是呼吸变得很浅。我们很容易就会忽略这一点，因此养成关注呼吸的习惯很重要。始终要记住，真正的自信就是要感觉到平静，当我们平静时，我们的心率是正常的。变得平静的最快方法就是正确地呼吸。

理解呼吸背后的科学将帮助你记住呼吸。大脑需要氧气，而深呼吸可以为大脑提供氧气。这个过程会引发一系列的生理反应：血液会被输送到各个器官，这样它们就能发挥包括调节心率在内的各种作用。

如果我们对自己感觉很消极，那么不妨采用布尔迪欧建议的一种可以立即改善情绪的呼吸技巧：先深吸气，然后快速呼气，这种技巧在瑜伽中被称为火焰式呼吸法。

如果你被别人冲击得失去了平衡，感到自己正在颤抖，那么不妨试试布尔迪欧建议的交替循环呼吸法：用手指按住一个鼻孔，用另一个鼻孔吸气，然后用手指交替按压，呼气并吸气。她建议从你惯用手一侧的鼻孔开始，所以对惯用右手的人来说就应从右侧鼻孔开始。

为了平复紧张的神经，布尔迪欧建议采用日本的 Hara 技术（用在日本武术中）：站立，两脚分开，距离与肩同宽，把右手放在肚脐上，用鼻子深呼吸，感觉吸入的气息进入整个腹部，然后通过鼻子呼出。

用嘴呼气更快，因为嘴的面积更大。当我们用鼻孔呼吸时，呼吸会变慢，这对于任何你感到焦虑或紧张的情况都是非常适合的。

照顾好自己

当你不自信时，一个常见的错误是相信你是可以"拥有"它的。读了这本书，你就会明白，事实并非如此。

> 不会照顾自己，你就不会有自信。为了感受到自信，你就要为自己加满能量。是什么在激励着你呢？
>
> **道恩·布雷斯林**

自信如约而至：寻找超越自卑的内在力量

与此相反，我们总是需要从尝试新事物和学习的角度来思考，当我们在某件事上做得更好时，我们就会感觉更好。但要做到这一点，我们确实需要从真正照顾自己开始。当感到缺乏自信时，你可能会忍不住仰视那些有雄心壮志的人，想知道为什么你就不能像他们那样，但也许你也知道还有这样一些雄心勃勃的人，他们因为没有照顾好自己而耗尽了斗志、失去了自信。

当你不自信时，每天、每时每刻都照顾好自己，这个习惯会增强你的自信。照顾好自己意味着吃好、锻炼好、睡好、休息好，等等。

当需要自信来做出改变时，照顾好自己是一个至关重要的起点。"改变需要能量，"布雷斯林说，"你需要能量来感受到自己的强大。"要想为改变做好准备，你就需要活在当下，不要再担心缺乏自信会阻碍你理清自己的未来，也不要再为它曾搅乱你的过去而难受了。

布雷斯林建议，在日常生活中，要建立起一套仪式，并且把关于仪式的清单放在像梳妆台或水壶上方这样的地方。她的习惯是：每天早上播放自己最喜欢的音乐，把脏衣服放进洗衣机里，然后打扫厨房；她会在白天休息一下，只是为了能让自己喝杯茶安静下来；在一天将要结束时，她总是会去"她的"海滩。"我已经安排好了自己的生活，这样我就可以走出去，被周围的能量所吸引。"她说道。

把家变成"天堂"

当你读完这本书后，可能已经预定了至少一门新的课程要去学习了，你的注意力将会专注于你想要获得自信的活动项目或领域，一步步地提升技能。无论你只是想要干好一件事，还是想要做回从前那个充满自信的自我，或是想要找到追逐梦想的动力，都需要一个坚实基础。这不是别的什么，而只能是你的家。如果家里乱成一团糟，你在家里感觉不舒服，那么即使是实现很小的改变也会变得更难。家是我们漫长人生旅程的大本营。

布雷斯林说："如果人们要去攀登珠穆朗玛峰，那么在沿途就需要建一些大本营。在这些营地里，他们可以获得登山所需的一切能量。生活就像攀登珠穆朗玛峰，会很困难，也会让人精疲力竭。你的大本营里有些什么呢？你该如何积极地补充能量？为了保持勃勃生机，你首先必须学会放慢脚步，找到平衡。此外，还必须与自己的能量建立起联系，并学习如何管理它：它是快被耗尽了还是满满的？如果能量枯竭了，该如何补充？你的家就是你的大本营之一——它能滋养你、支撑你、激励你吗？"

要确保自己养成清扫和整理家务这样一个简单的日常习惯，并为修理任何坏掉的东西建立一个支持系统。整理好你的空间，放上你喜欢的东西。着手让你的家变得尽可能舒适宜人，这样一来，你一回到家，就进入了自己的正能量环境中；当你离开家时，也正被这股正能量加持着。我们所说的整洁，并不意味着你必须违背自己的天性，把每件东西都摆放完美才行，但"有创意的"整洁是可能做到的。但如果是不整洁让你情绪低落，浪费了你的时间，那就要立即清理。例如，如果你正试图克服对当众演讲的恐惧，可此时连演讲笔记都找不到，这还怎么克服呢？如果你对室友或邻居不满，那就要考虑搬家或寻找其他改变现状的方法。

互相支持而非竞争

假如你正在一个竞争激烈的环境中工作，你可能会觉得无能为力，但事实上，如果你去支持周围的人就能帮到自己，因为你将积极地改变这里的竞争文化。不能仅仅因为所处的环境不是支持性的，你就不去支持周围的人。如果你发现自己沉浸在对同事评头论足的八卦和吹毛求疵中，这就会削弱你的自信。相互攀比和过度竞争无助于增强自信。我们并不是说你应该虚情假意地称赞别人，而是想鼓励你真实一点。多观察你的同事（而不是担心你自己）。如果你注意到某个胆小的人能够勇敢地面对办公室里的欺凌行为，哪怕只是以一种微不足道的方式，那就让那个人知道你注意到了这一点，并对他表示钦佩。不要参与任何八卦或对任何人的评头论足。如果有人感受到压力了，那你就做出愿意伸出援手的姿态，不管是给他们倒杯茶还是逗他们笑。

"野心在每一种职业中都根深蒂固地存在着，所以人们最终会无休止地进行攀比和竞争。"福莱克斯说。他曾到访过许多类型的公司，对员工进行培训，自己也经营着表演工作坊。"如果我们学会互相鼓励，那我们的自我感觉会更好。不一定非得搞成两败俱伤。

依我所见，在一个支持性的工作环境中，人们会完全改变，他们会发光发热，也开始对自己感觉良好起来。"

与自信的人在一起

你的朋友有多自信——真是这样吗？你的周围都是一些没有安全感的人吗？在你的圈子里，谁在努力改变自己，他们在读与本书类似

> 如果我们把自信与真诚做人等同起来，就会吸引到那些同样真诚的人。
>
> **安妮·阿什当**

的书，或者在看心理医生，或者去学习新的学科课程吗？你是否私底下觉得，你的一些朋友在某些情况下是在装？如果你回避某些人是因为缺乏安全感，在他们身边感觉不太好、不够自信，那么现在是时候改变这种情况了。向着有自信的地方奔跑，和自信的人在一起，与自信的人交往。在第 6 章中，我们强调了消极的人会削弱你的自信。避开他们只是一个开始，还要把寻找那些积极、自信的人当成一个持续的过程。

这并非要排斥任何人（除非他们会扯你后腿），而是要把新的人吸引到自己身边。

***

这 15 个习惯是很容易做到的，我们希望你能同意这一看法。我们知道，对大多数人来说，等待采取重大行动是一项挑战，因为人

们总是怯于起步，所以我们建议你每天都做出一些小的改变。这可能很吸引人，但同样也可能非常困难，而结果也可能会适得其反。你可能正在一个特定领域中通过培养其他习惯来增强自信，那你可以试着同时遵循这些习惯和书中的其他建议。如果你感觉压力太大了，那就退一步，每次只专注于培养一个习惯，直到它变成例行公事般的常规习惯，然后再转向下一个。

> **问问你自己**
> + 你目前有哪些能够帮助你增强自信的日常习惯？
> + 你觉得哪些日常习惯让你对自己感觉很糟糕？
> + 哪个新习惯会让你在自信方面发生最大的改变？
> + 你身边的人都有能增强自信的好习惯吗？他们是谁？你从他们身上能学到什么？
> + 你能做些什么来帮助自己养成积极、自信地思考的习惯？

Real Confidence
Stop Feeling Small
and Start Being Brave

第10章

每天跟踪自己的自信状况

当你买这本书的时候，可能已经对什么是自信有了一个固有的概念，而且毫无疑问，到目前为止，你所尝试的一切都还没奏效。我们的专家们从不同角度均认为，真正的自信来自内在而不是表面。现在，我们希望你能有动力去专注于获得知识、专业技巧和技能，这些将为你的自信打下基础。在理想情况下，当受到激励后，你会考虑去尝试取得小的成就并进行庆祝，这样一步步地，你就会觉得自己能够应对任何状况。通过体会身体对于不同类型的自信所产生的感觉，你将会认识到，自己需要设法去获得什么。现在你知道了，如果你的心脏在狂跳，而且你喝了太多酒，那么这当然不是自信，但如果你在有点紧张和兴奋的情况下感到平静和舒适，那这就是自信。

在本书中，我们鼓励你通过测试和自问自答来思考基于你的身份的自信。现在你将了解自己缺乏自信的原因及影响因素，这样你就不会一味地为自己的不足而自责，而会去检视苛刻的教师或雇主等外部因素，从而认识到是外部因素而不是自身的不足影响了你的自信。在前面章节中，我们已经详细列出了那些会打击自信的因素，这样你就可以在内心为自己装上甲胄，以避免这些因素影响到你。

虽然有些人天生就有自信的基因，但所有权威专家都指出，自信是一种可以习得的技能。通过鼓励你思考你渴望的那种自信，我们鼓励你做真实的自己。如果你是那种过度自信的人，我们不想让你觉得你必须用一种超常的方式来表达自信。换句话说，我们认为你要展现，而不必去宣扬它。如果你很安静且善于反思，那我们并不希望你改变这一点，因为我们不相信自信和大肆张扬之间有关联。

在本书中，我们提供了一些非常简单的建议以帮你增强自信，这些建议看起来可能和自信没有直接联系，却能强化你内心的根基。在上一章中，我们介绍了一系列建立自信的习惯，这样你就可以重新校准自己的方法。当这些习惯成为你的第二天性后，你自然而然就会感到自信。

在本节中，我们想要深入了解一些基本的东西，即日常生活。虽然我们能认识到自己可以开始培养习惯，并制订计划去克服各种难题，还会出现一些顿悟的时刻，认识到究竟是什么影响了我们的自信水平，但同时也可能会忽略一些非常基本的障碍。比如，我们给你一个做泰式咖喱的完美食谱，并告诉你去哪些泰国蔬果店能买到正宗的食材，去哪个超市可以备齐你需要的所有东西，并让你来选择，是自己动手做面团，还是买最好的，但如果你的厨房一团糟，你根本就不会做饭，也没有基本的设备，那所有的建议都等于白说。

本节设置了一些基本的生活场景。我们会讨论日常生活和家庭生活；我们会讨论工作，因为大多数人把大部分时间都花在了工作上；我们会关注包括约会在内的社交场合，因为人类不可避免地会聚在一起；最后但并非最不重要的是，我们会思考身体意象，因为我们知道你对自己的外表和身体的感觉会影响你的自信水平，我们不会用一句"哦，爱你自己吧"来应付了事。在每一节中，我们都会识别出潜在的陷阱，并向你展示避免落入这些陷阱的简单方法。

日常生活

在某个特定领域开始培养自信技能的一个问题是，一些日常生活习惯会成为障碍。如果你因离婚而对换工作或结交新朋友缺乏自信，或因其他类似情况而感到沮丧，你的大脑似乎被这些事情填满，那你就会发现很难集中精力活在当下。这样你就有向内退缩的危险，你要停止这样做，以便构想出发展技能和尝试做成新事情的过程。有一个非常简单的方法可以打破这种状态，那就是和别人一起做一些事，任何事情都可以。去参与某件事，无论是签署一份阻止超市取代独立商店的请愿书，还是加入一个正念小组，或者是为慈善事业去跑马拉松。确保你做的事情能让你与他人互动起来，即使互动的时间并不长，也比独自上网好。因此，如果你加入了一个人权组织并参与了社交媒体讨论，那你也一定要参加他们组织的竞选演讲或示威活动。

当你沉迷于自己的思绪而看不到周围的一切时，你就会失去个人魅力。意识到我们的社会并成为社会的一部分对我们人类来说很重要。社会心理学家甚至将个人自尊与社会价值观联系起来。2008 年由线上的《人格与社会心理学公报》(*Personality and Social Psychology Bulletin*) 发表的一项重要的全球研究报告发现，我们以我们文化的主导价值观作为自尊的基础并对其进行定义。CLLE (Laboratoire Cognition, language, languages, Ergonomie, CNRS/Université de Toulouse II - Le Mirail) 的研究调查了全世界 19 个国家的 16 ~ 17 岁的青少年。

走出自我意识的樊篱，看看周围正发生的世事，不仅能让你疲惫的大脑从正遭受的冲击中解脱出来，而且通过与近邻、社区、社会连接起来，你会感觉自己成了某种事物的一部分，这将为你提供一个平台，让你感觉与自身的联系更紧密了。如果当地正有一个拯救图书馆的运动，而你又是一位嗜书之人，这就会提醒你思考，为什么你会喜欢阅读，为什么阅读很重要。通过施以援手来向别人传达你的热情，即使只是分发一些传单，或让人们签署请愿书，你也是在强化对自己积极的信息，并且正在从"哦，我不够好，我不够自信"的恶性循环中解脱出来。当图书馆被保留下来后，你就会知道你在其中发挥了应有的作用。如果能在拯救图书馆运动中发挥作用，你当然应该觉得自己并没那么糟糕。

第 10 章 每天跟踪自己的自信状况

成为你周围事物的一部分，不仅意味着你要参与进去，还要在任何情况下都注意到你周围的人。为了摆脱

> 与他人建立联系，这样你做的所有事情才有意义。
>
> **帕齐·罗登堡**

长期缺乏自信的困扰，你可以从和每个遇到的人建立联系开始。如果你在约会中缺乏自信，那就每天对街上路过的行人说声早安，这是克服对陌生人恐惧的第一步；如果你讨厌参加聚会，那么，在上班地点附近的咖啡店取咖啡时跟咖啡师聊聊天气可以是学会闲聊的一个步骤；如果你害怕在工作中演讲，那你去附近的比萨店为家庭聚餐订餐时问问那里的服务员来自哪里，这也算是为在他人面前发表演讲迈出了稚嫩的一小步——就算他们认识你，你仍然要记住每个人都想要什么。与他人建立联系能增强自信。

帕齐·罗登堡谈在日常生活中如何刷存在感

花点时间做下面的事情，以开启和结束一天的工作

- 坐下，深呼吸（从腹部开始），开启平静的一天；
- 大声读些什么，为自己的声音热热身；
- 晚上大声给孩子们读些什么（或者大声为自己读首诗）；
- 每天都要与你的伴侣、孩子以及身边爱着的人有眼神交流。

> 我们绝大多数人天生声音就好听,但是被隐藏了。人们所讨论的天生的声音,实际上指的是他们习惯性的声音。
>
> **建立联系**
>
> - 离开办公桌,重视与他人直接交谈而不是给他们发邮件;
> - 重视与他人的眼神交流,和他们打招呼;
> - 在餐厅聚餐或酒吧聚会时,记得询问参加者的名字;
> - 结账时与超市的收银员说点什么;
> - 经常环顾四周,注意发生的变化。
>
> **关注自己的身体**
>
> - 用脚掌走路;
> - 确保膝盖是灵活的。
>
> **保持好奇心**
>
> - 向他人发问;
> - 倾听。

第 10 章 每天跟踪自己的自信状况

> **保持专注**
>
> - 控制饮酒量,成功人士不会过量饮酒;
> - 当值得说时才开口,不为说而说。

真正的人

丽莎失去了平面设计师的工作,与此同时,她与楼上的邻居因为对方非法扩建而发生了重大争执,这让她变得自闭起来。失业和对经济衰退期间经济状况的担忧,以及烦琐的法律诉讼程序,这些叠加起来让她彻底怀疑自己。她情绪低落,甚至连社区健身房都懒得去。

她说:"普拉提和瑜伽帮助我缓解了慢性背部疼痛,但是我不想见任何人。我的顾问建议我强迫自己走出去,因为自我孤立对恢复自信没有任何好处。她是对的。我意识到,仅仅只是和那些向我问好并微笑的常客待在一起,就会形成一个重要的支持系统。我走出去,和大家一起做了一些事情,努力对别人微笑,或者几乎是勉强地做成了头手倒立动作,或者在做平板支撑时坚持着不趴下,这些都让我想起了如何才能让自我感觉良好。"

当丽莎常去的一家健身房面临被接管和变成豪华公寓套房

的威胁时,她惊讶地发现自己热情地参与到了拯救它的运动中。看来她的个人问题并非天大的事情,还没严重到不能再承担任何其他事情的地步,因为健身房让她受益很多,因此她兴冲冲地施以援手。"我和其他健身房会员一起参加理事会会议。我协助当地民众在请愿书上签名。我们做到了:我们拯救了这一对社区来说很重要的设施。而这也让我对人性有了信心,让我不再顺着消极的漩涡下沉。这让我毫不费力地在邻居面前显得很自信,所以他们就不会欺负我、威胁我了。最后他们不得不让步。我挺过了那段糟糕的时光,也确实找到了新的收入不错的新工作。"

··

家庭生活

鉴于自信的根源与家庭有关,那么家庭会引发自信危机也就不足为奇了。为什么不管你给自己设定多少次与某些家庭成员好好说话的目标,结果还是以失败告终呢?好吧,你可能会认为这是你的错,因为你缺乏自信,但事实上,这对大多数人来说都是完全正常的。如果你能接受事实,甚至试着带点幽默感来看待这个问题,就会感觉更好。

即使作为成年人,我们也很容易以自我为中心,停留在儿童的角色中。如果你能记得把父母看成一直以来就缺乏自信并且现在仍然缺乏自信的人，你就会对他们产生更多同情。也许你的母亲很挑剔，因为她有一个挑剔的母亲，并且习惯性地相信这就是为人父母的意义所在；也许你的父亲会贬低你，因为他相信这实际上是在保护你，让你免受他内心深处所遭受的那些忧虑的困扰；你的兄弟姐妹可能会无谓地争强好胜，现在你已经是成年人了，在你看来这很幼稚，但也许他们是羡慕你或嫉妒你在生活中所拥有的选择，谁知道呢？关键是要记住，当冲突爆发时，这不能归罪于你。

尼基·福莱克斯谈应对家庭生活

"当你正在独自努力时，也许与家人的一次对话就能让你前功尽弃，毁掉你为自己所做的一切努力。"以下是来自福莱克斯的一些简单建议。

设定避免与家庭成员发生冲突的目标没有意义，因为家庭成员比其他任何人都更能触动你。当话题变得激烈时，要学会转换话题：

- 讨论让彼此都开心的事情；
- 笑一笑，当你们互相朝对方喊的时候，学着微笑以对；
- 说"无论发生了什么事情，我都会爱你"。

工作生活

我们在工作上花的时间最多,因此思考这将如何影响我们的自信是很重要的。如果需要整天装模作样,或者与难缠的老板打交道,或者感觉与同事不合拍,即使你真的很擅长自己的工作,这些也会让你产生各种各样的情绪。由于你自身的个性,你会在脑海联想各种各样的问题。比如,为什么同事不邀请你和他们一起出去玩?为什么那些经验较少的同事却收获了所有的赞扬?为什么顶头上司会把你的想法占为己有?你将如何度过一年一度的圣诞晚会?随着所有这些日常问题浮现在你的脑海中,工作场所可能会让你把自己逼入一个没有自信的角落。

如果你是在一个糟糕的办公环境中工作,这会让你的状态非常不稳定,所以你需要阻止自己陷入自信不断下降的消极状态中。生活教练道恩·布雷斯林说,在这种情况下,你需要在开始工作之前进行自我激励,为自己的大脑赋能。最好的方法之一就是在上班路上和下班后听一些有关个人发展的有声书籍,或进行冥想。如果你可以在工作时戴耳机,那就听一些对你有帮助的音乐。拥有一个特殊的杯子是一种象征性的、简单的与自己交流的方式。布雷斯林说:"白天你可以在固定时段抽出几秒或几分钟提醒自己关注自身,如用特殊的杯子喝杯茶。"

工作场所中最大的危险是,你让自己相信正是由于个性有缺陷,因此你才没有希望。

作为心理剖析和自信方面的专家,托马斯·查莫罗-普雷姆兹克的见解非常让人安心。他说："个性只会让你倾向于某些东西。"因此，这会引导我们相信外向的人擅长某些工作（比如销售）。但他同时指出，有很多内向的人也成了优秀的销售人员。

> 如果你真的想要某样东西，那么负面信息是可以克服的。对此你需要有最起码的自信。所有人都需要认识到，他们是错误建议的受害者。
>
> **托马斯·查莫罗－普雷姆兹克**

关于工作，我们早早地就从中学和大学的职业顾问那里得到了一些建议，这些建议往往与我们的性格有关。你可能会被告知，你不能追随自己的梦想，因为你的性格不适合。另外，你还会被告知你的考试成绩不够好，或者你在某门学科方面没有天赋，这样一来，你的信心就会被侵蚀，这又有什么可奇怪的呢？如果你正处于追逐梦想的关键时刻，那么，即便你已经得到了一笔丰厚的遣散费，你也还是要坚持做成这件事情，而不要因为有人曾告诉你这个梦想不适合你而怀疑自己。你会回归这一梦想的事实表明，它接近你的心，真的属于你，否则你早就把它忘了。

帕齐·罗登堡谈自信地管理团队

引入仪式

- 当你成为领导者的那一刻，就没有随随便便这回事了。你始终是一名领导者。
- 建立边界。如果你是在管理一个团队，就要公平地对待每一个人。

- 莎士比亚说，领导者是主人，是他们脸面的所有者。请记住这句话。
- 自信的领导是清白的。
- 当每个人都想赢得你的关注时，要庄重一些，慷慨一些。

培养共情

- 理性的左脑负责处理数据，但有共情力、情商高的右脑才是自信的领导力的关键。

练习你的声音

- 对于新任 CEO 来说，不会放声讲话是通病。要练习。

培养良好的职场礼仪

- 现在不太会有人教导年轻人职场礼仪。我们必须以一种基本的、体面的方式来指导他们。
- 要直接一点。比如，"会议期间不能用手机"。
- 要实话实说。比如，"对不起，你能不能放下手机，专心一点"。
- 对于难以接受的行为，早说比晚说好。

像好父母一样诚实

- 请记住，只有进行训练，演员才能期待并得到建设性的反馈，进而改善演技，上台演出并获奖。要给予良好的反馈，让员工能有出色的表现（而不是在他们甚至不知道自己的工作做得不够好时解雇他们）。
- 在一个支持性的环境中构建反馈。
- 当你向某人说出真相时，要看着他，呼吸平稳，专心地和他交谈。

自信意味着保持参与的态度

- 与难相处的人在一起时，要避免进入第三圈能量，因为它给人的印象是好斗的；或者内向的第一圈能量，这还会被理解为具有被动攻击性。
- 参与意味着对话。我说，你听；你说，我听。
- 要抵制自己的控制欲（第三圈能量），或者想脱身的欲望（第一圈能量）。
- 能激励人的领导者是深邃的。
- 敢于说真话。

真正的人

简最近晋升为一个重要的 IT 部门的主管，因为她的男上司跳槽去了一家更大的公司。这次晋升让 45 岁的她感到极度焦虑："虽然在正式升职前大部分工作已经是我在做了，但升职后，我还是感到很没有安全感，缺乏自信。我丈夫对此无法理解。我为此失眠了。我讨厌升职。"

简认为她的焦虑有两个来源。首先，她从团队中的一员（尽管是资深成员）变成了团队负责人，再也不是所有人的朋友了。"我不知道该怎么做。我的前上司对每个人都很友好，也许是因为他是一个小伙子，这么做才行得通。从上任第一天起我就感到很不安。没过几天，人们就开始小声对我评头论足，似乎以此作为他们的消遣。幸运的是，当我说出拒绝这一晋升机会的理由后，人力资源部说他们会送我去参加管理培训。我发现这真的很有帮助，不仅是因为课程中有一些结构化的建议，还因为在培训期间我遇到了像我一样不确定如何成为管理者的人。我交了一些新朋友，也因此获得了一个支持系统。"

简升职后感到焦虑和缺乏自信的另一个来源是，她要撰写书面报告。"因为没上过大学，所以我总是觉得有点心虚气短。"因此，她去参加了一个学习课程。

专注于学习自己需要的新技能对简的自信产生了巨大而出

人意料的影响。她决定把这件她为之感到心虚气短的事情变成可以实现的梦想：在开放大学（Open University）进行非全日制学习，获得心理学学位。

....

社交生活和约会

在当今这个大部分交流都在线上进行的世界里，离线是一件很可怕的事情。无论是在网上沟通工作，还是参加没有熟人的聚会，抑或是出于义务不得不参加婚礼或生日派对这样的社交活动，想游刃有余地交际可能都是一件折磨人的事情。

查莫罗 - 普雷姆兹克说："对于害怕聚会的人来说，通常要把参加聚会当作第一目标，把解决这个问题当作第二目标。重要的是要明白，大多数人在聚会上都做不到浑然忘我，他们总是会在意自己，并隐藏自己的焦虑。"尽管最传统的建议是假装自信，但他认为这是不现实的，甚至是没必要的。"保持低调和友善就好。喝点东西也能帮你放松下来。"

然而，在约会时，你需要假装有一点点自信。查莫罗 - 普雷姆兹克［他是电视节目《神秘约会》（Dating in the Dark）中的媒人］建议在约会初期不要暴露自己的不安全感，并且要在谈情说爱、让对方感觉良好和把约会当成工作面试之间找到一个平衡点。"在如此美好的一天中要突出自己的优点。聪明的人都知道，当他们有了感情以后，后面的事情就不一样了。"

如果你能把约会看作获得社交自信的一部分，就会发现你的状态没那么糟了。我们鼓励你从与他人建立联系的角度去赴约。看看那些有关社交场合的建议，用同样的方式去应对约会。找一个适合你的在线约会网站（是的，你可能需要做些尝试，这是正常的，即使是自信的约会者也当如此）。与其等着别人联系你，不如主动一点。看看对方的简介，和对方打个招呼，发个表情。如果你能把约会想象成和对方一起喝半小时咖啡或者需要掌握的新情况，你就会发现，经过几次之后，约会对你来说已不再是一种折磨。如果网上约会让人望而却步，那就参加一门课程或者参加一些团体活动，在休息期间提议喝杯咖啡，这是共同学习的一部分。所有这些都有助于你建立起社交自信。

所有专家都认为，慢慢地重复有助于培养良好的感觉。他们都指出，包括 CEO 和名人在内的成功人士都比较谨慎，他们必然会去学习制定自己应对派对和社交场合的策略。这一切都是为了在哪怕只有半小时的派对（或约会，或社交活动）中正确地表达自我。

安妮·阿什当谈应对社交场合

- 是的，情况可能会很糟糕。那就停留 20 分钟而不是 30 分钟。下次可能会更自在一些。

- 不要想"上帝啊，我太紧张了"，而要这么想："这里的很多人其实也很紧张。"

- 问自己：我怎么才能做得与众不同？我能逗笑别人吗？我能激发或者调动别人吗？我有机会以某种方式服务他人吗？
- 看看有没有人尴尬地站在那里。如果有，那就走过去对他说："在这种场合下，我还真有些紧张。"

尼基·福莱克斯谈形成大脑与身体的交流

"肤浅的肢体语言建议会让人觉得不自然、荒谬。但我们可以采取一些方法，利用身体来阻止自己感觉更紧张。这并不是说要假装，而是要让你的身体处于最佳状态。"福莱克斯的以下建议是基于其表演和神经科学专业知识的结合，也是基于通过你的身体与大脑"对话"。你还可以把这些建议应用到公共演讲、工作面试、约会以及其他任何社交场合。

- 到达现场后先去洗手间，进入隔间后把门关上。把手臂举过头顶，摆动身体，深呼吸，然后把手从身体上移开，做出一个大大的微笑。当你再出去参加聚会时，就会觉得自己膨胀了一些，想要占据更多空间。这会让你看起来很自信。

- 当你去酒吧喝酒时，站得离吧台远一点，这样你就必须伸手去拿杯子。这能帮你避免手臂紧贴身体，也能避免耸肩缩颈。

- 想象你的背部长了一对翅膀，这样你的胸部就会张开，肩膀也会放松。这样你就不会再有"哦，我太丑了""哦，我还不够瘦"这样的想法。

- 女士们——注意你们的包——不要让它紧贴臀部或夹在腋下。

- 每当你感到紧张的时候，就回到洗手间的隔间里去充分扭动身体。当你再走出来的时候，会看起来面色红润、精力充沛。

真正的人

约翰认为他对社交场合的恐惧是病态的，不可能治愈。这位 31 岁的聪明的检验员与父母生活在一起，没有任何社交生活。"从来没有人试图跟我说话，这证明我是个废物。无论是在家庭聚会场合还是在工作场合，都没有人愿意坐在我旁边。"

然而，选修一门艺术史课程改变了他的生活。

"我从不自找麻烦地去和别人一起喝咖啡或饮料。但有些人开始注意到我，邀请我加入他们。而我的默认答复是直接拒绝。

"在课间休息时，导师开始和我聊天。东一个话题，西一个话题，我渐渐有些忘我，也开始聊起来。第一个转折点是我的一个同学在课间休息时留下来，这样就成了三个人一起聊。我真的把他们都逗笑了。我兴高采烈地回到家。我真的也可以聊得很嗨。我很缓慢地走出了自我封闭的世界。

"当为期12周的课程将要结束时，我和所有人一起来到了酒吧。虽然我永远不会成为聚会上的焦点人物，但我也不会令人厌烦，慢慢地，我也越来越擅长谈天说地了。我还找到了女朋友，她是和我一同参加那门课程的同学。她很有耐心，我们在课程结束后慢慢成了朋友。我们的第一次约会并不正式，是在一个周六下午去逛美术馆。事情并没有搞砸。就连我都看得出来，她和我在一起是那么开心。我也完全没想到，自己竟然会约她出去吃晚餐。六个月后，我在埃菲尔铁塔上向她求婚了。是的，奇迹真的会发生。"

身体意象生活

> 如果你注意自己的身体,那你最终会发现你是谁,以及什么对你有用。
>
> **娜塔莎·布尔迪欧**

我们都知道要发现内在美,接受真实的自己,看到自己的内在美,但现实并非如此简单,不是吗?首先,你需要真正了解自己头脑中对外表的看法。无论你是作为男人有拥有六块腹肌的压力,还是作为女人迫切想要拥有苗条的身材,抑或是因秃顶或长了可怕的皱纹而感到难为情,都要弄清楚到底发生了什么,这为什么会以及会如何影响你的自信都是很重要的。

你有没有觉得别人真的正在评判你,或者你正在评判自己?什么让你对自己的外表感觉良好?什么只是对那种糟糕感觉的掩饰?区分什么是感觉良好,什么只是对不安全感的掩饰,尤其需要时间和自我意识。即使在掩饰不安全感时,你也要弄清楚这样做是会加重你的不安全感还是会让它消失。

那么,你怎么就会认为一个整容、节食或锻炼计划是正确的,不是屈服于压力,也不是沉迷于虚假的现实呢?我们知道有些人注射了过量的肉毒杆菌或者过量做健身运动,但我们并不相信这些人所声称的"感觉很好",所以你怎么知道自己所追求的最好状态就是健康的呢?

回到对自信的定义,特别是对身体自信是一种什么样的感觉

（相对于过度自信），答案是：冷静再加上一点点兴奋（相对于心率上升，需要用酒精、糖或者其他东西激励我们，或者需要来自他人的注意）。

考虑到我们生活在一个痴迷于抗衰老和拥有完美身材的社会中，温柔对待自己是很重要的，因为在这方面培养自信是一件特别困难的事情。正如阿什当所指出的，整容手术几乎已经成为一种信仰，而且不只是女性想要对抗衰老的过程。"这是一种以结果为导向的、为年轻而着迷的文化，"阿什当说，"我的很多客户都担心自己变老，对自己的外表缺乏自信。很多人做了整容手术，我对此没有异议，但遗憾的是更多的人没有选择为灵魂做整容手术。完美主义已经成为 21 世纪的一种流行病。"

安妮·阿什当谈建立健康的身体意象

- 我们知道很多名人身上没有赘肉，但我们知道他们是在享受生活、大笑，还是在与成瘾和抑郁做斗争吗？
- 如果我们所看到的都是光鲜亮丽、完美无瑕的，那就会使我们失去自信。内心深处的安然的自信会帮助你每次都战胜对自己外表和身材的看法。要开始透过表象去看问题。
- 自然的外表往往更性感，因为它更接近真正的我们。发现你自然的样子是对自己的外表真正自信的途径。

- 不要再想你曾经是谁，或者你想成为谁，或者你认为你应该成为谁，先看看你现在是谁。掌握悦纳自我的艺术。一旦你接受了自己的缺陷，就没有人再能拿这个来对付你了——这就是你强大的地方。

- 如果你已经 40 岁或 50 岁了，请记住，当你对自己感到满意的时候，你将会非常有魅力，并且令人艳羡。

- 如果你对自己的外表非常不自信，那就扔掉那些满是光鲜靓丽的照片、让你自惭形秽的杂志，也不要再买了。那些照片都是被处理过的，所以不要对这种完美的幻觉感到不安——那根本就是不存在的东西。

- 别再看那些美得不真实的电视真人秀节目了。

- 真正的性感意味着拥有一种轻松、舒适和自我接纳的感觉。与其追求理想中的性感形象，不如注重培养学识、智慧和经验，这样的组合才是性感的。

第10章 每天跟踪自己的自信状况

真正的人

玛克辛是一位很有品位的成功的画廊老板，有着令人羡慕的生活方式，经常出差、旅游。她看上去比45岁的实际年龄要年轻10岁，能够很好地在精致与成熟之间找到平衡点，而且毫不费力，轻松自在。她并不追逐时尚，但她看起来像是《时尚》(*Vogue*)杂志马诺洛品牌的编辑——如果她不穿一双新的、更有趣的设计师品牌鞋子的话。她承认自己有不刻意控制体重的休息日，这并不奇怪，因为她有自知之明，能清楚地表达自己的情绪。但令人惊讶的是，据她透露，吹干头发可以极大地改变她参加会议时的自信水平。

玛克辛说："当吹干头发后，我感觉很好，这比我对体重和自我的感觉更重要。这听起来没什么道理，但吹干头发确实会改变我的行为。我开始在自己身上花上一些时间，这让我感觉很好。因为自我感觉良好，我确实表现得很不一样。我不会再为自己的选择辩护，因此，即使有人质疑我所选择的艺术家或我的评价，我的脑海中也不会出现'天哪，也许你犯了个错误'这样的想法。因为我的脑海里没有这些声音，所以我知道我的脸部不会紧绷；我不会皱起眉头，所以就不会想到'哦，上帝，我在皱眉，现在我脸上的皱纹看起来更糟了''哦，上帝，我的下巴''哦，上帝，我看起来糟透了'。这样一来，我也就不会陷入'哦，我太老了，现在做不了这个了''哦，艺术界现在到处都是年轻人啊''哦，我还在这里做什么，我已经没用了'的下降漩涡。"

....

我们经常建议你把注意力从自己身上转移开。通过始终尝试运用那些能够激发自信的因素，意识到那些可能打击自信的因素（第6章），培养起建立自信的习惯（第9章），你很可能会发现，你已经把注意力从自己的不安全感上转移开了，无论这是源于一个糟糕的工作日还是你的外表。值得记住的是，我们的专家都是其所在领域的权威，这些建议不仅有用，而且是经过试用和测试的。当然，我们知道不是每件事都能引起每个人的共鸣，但我们希望这里有足够的资源可供选择，能让你得到一些易于掌握的东西。请回到本节，并刷新你的记忆。从感觉最容易的事情开始，看看会有多大效果。

问问你自己

+ 在我的生活中，我最想应对的首先是……
+ 我在生活中感到最自信的领域是……
+ 我有足够的勇气去尝试……
+ 我会逐渐明白需要在哪些方面下功夫？
+ 最终我将要……我会为此感到非常激动吗？

Real Confidence
Stop Feeling Small and Start Being Brave

后 记

  我们希望此时你至少是开心的，并且对培养自信的能力感到自信。请注意，我们并不是在说"找到"自信、"保持"自信或"表演"自信。我们之所以用"培养"一词是因为这是一个过程。作为人类，我们都有一种与生俱来的能力以把控新局面，这就是自信。因此，我们希望这能消除你心中的任何疑虑，让你相信你没有问题。那么，接下来该干什么呢？是这样的，你将决定在生活中你想要掌握什么，并为其设计进程。

  我们的目标是帮你成为自己的分析师和教练，通过大量的问题和测试，让你在我们的专家和最新研究的帮助下，了解自己的自信状态。

  你可能已经系统地通读了这本书，回答了所有的问题，并完成了测试，并且读得很扎实；或者你可能只是快速浏览了一遍，有了

自信如约而至：寻找超越自卑的内在力量

一个大致印象；又或者你只是根据自己的需要选读了部分内容。

我们不相信有万能公式存在，所以我们不会规定你接下来就要做什么，而是会敦促你做一些能让自己产生共鸣的事情，并且每天都做点什么。真正的自信不是当你觉得需要时就能拿出来的东西，它来自内心，因此，如果想要拥有真正的自信，你需要每天都去做有利于培养自信的事情。这就是假装自信不会起作用的原因——那是在扮演一个角色，而不是真正的你。

我们给了你很多值得思考的题目和建议。现在应该是知行合一的时候了。我们祝你一切顺利。一定要告诉我们你独特而真实的赢得自信之旅。

Real Confidence: Stop Feeling Small and Start Being Brave

ISBN: 978-0-857-08657-0

Copyright ©2016 by Psychologies magazine

Simplified Chinese version ©2021 by China Renmin University Press Co., Ltd.

Authorized translation from the English language edition published by John Wiley & Sons, Inc.

Responsibility for the accuracy of the translation rests solely with China Renmin University Press Co., Ltd. and is not the responsibility of John Wiley & Sons Inc.

No part of this book may be reproduced in any form without the written permission of the original copyright holder, John Wiley & Sons Inc.

All Rights Reserved. This translation published under license, any another copyright, trademark or other notice instructed by John Wiley & Sons Inc.

本书中文简体字版由约翰·威立父子公司授权中国人民大学出版社在全球范围内独家出版发行。未经出版者书面许可，不得以任何方式抄袭、复制或节录本书中的任何部分。

本书封底贴有 Wiley 激光防伪标签，无标签者不得销售。

版权所有，侵权必究。

北京阅想时代文化发展有限责任公司为中国人民大学出版社有限公司下属的商业新知事业部，致力于经管类优秀出版物（外版书为主）的策划及出版，主要涉及经济管理、金融、投资理财、心理学、成功励志、生活等出版领域，下设"阅想·商业""阅想·财富""阅想·新知""阅想·心理""阅想·生活"以及"阅想·人文"等多条产品线，致力于为国内商业人士提供涵盖先进、前沿的管理理念和思想的专业类图书和趋势类图书，同时也为满足商业人士的内心诉求，打造一系列提倡心理和生活健康的心理学图书和生活管理类图书。

《逆商：我们该如何应对坏事件》

- 北大徐凯文博士作序推荐，樊登老师倾情解读，武志红等多位心理学大咖在其论著中屡屡提及。逆商理论纳入哈佛商学院、麻省理工 MBA 课程。
- 众多世界 500 强企业关注员工"耐挫力"培养，本书成为提升员工抗压内训首选。

《逆商 2：在职场逆境中向上而生》

- 《逆商：我们该如何应对坏事件》的职场版，专为企业和职场人士如何在逆境时代突围、成功登顶量身打造。
- 全球范围内 1000 多家企业、100 多万个人用逆商工具衡量和提升他们的逆境反应能力。

《坚毅力：打造自驱型奋斗的内核》

- 逆商理论创始人保罗·G.史托兹博士又一力作，作者在本书中提出的是"坚毅力2.0"的概念——最佳的坚毅力，它是坚毅力数量和质量的融合，即最佳的坚毅力是好的、强大的和聪明的坚毅力合体。
- 这是一本理论＋步骤＋工具＋模型＋真实案例分析的获得最佳坚毅力的实操书。
- "长江学者"特聘教授、北京大学心理与认知科学学院博士生导师谢晓非教授作序推荐。

《灯火之下：写给青少年抑郁症患者及家长的自救书》

- 以认知行为疗法、积极心理学等理论为基础，帮助青少年矫正对抑郁症的认知、学会正确调节自身情绪、能够正向面对消极事件或抑郁情绪。
- 12个自查小测试，尽早发现孩子的抑郁倾向。
- 25个自助小练习，帮助孩子迅速找到战胜抑郁症的有效方法。

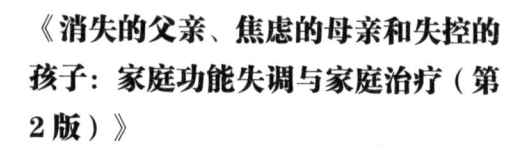

《消失的父亲、焦虑的母亲和失控的孩子：家庭功能失调与家庭治疗（第2版）》

- 结构派家庭治疗开山鼻祖萨尔瓦多·米纽庆的真传弟子、家庭治疗领域权威专家的经典著作。
- 干预过多的母亲、置身事外的父亲、桀骜不驯的儿子、郁郁寡欢的女儿……如何能挖掘家庭矛盾的"深层动因"，打破家庭关系的死循环？不妨跟随作者加入萨拉萨尔一家的心理治疗之旅，领悟家庭亲密关系的真谛。

《原生家庭的羁绊：用心理学改写人生脚本》

- 与父母的关系，是一个人最大的命运。
- 我们与父母的关系，会影响我们如何与自己、他人及这个世界相处，这就是原生家庭的羁绊……
- 读懂人生脚本，走出原生家庭的死循环诅咒，看见自己、活出自己，而不是做别人人生的配角！